本書の特色と使い方

この本は，算数の文章問題と図形問題を集中的に学習できる画期的な問題集です。苦手な人も，さらに力をのばしたい人も，1日1単元ずつ学習すれば30日間でマスターできます。

① 例題と「ポイント」で単元の要点をつかむ

各単元のはじめには，空所をうめて解く例題と，そのために重要なことがら・公式を簡潔にまとめた「ポイント」をのせています。

② 反復トレーニングで確実に力をつける

数単元ごとに習熟度確認のための「まとめテスト」を設けています。解けない問題があれば，前の単元にもどって復習しましょう。

③ 自分のレベルに合った学習が可能な進級式

学年とは別の級別構成（12級〜1級）になっています。「進級テスト」で実力を判定し，選んだ級が難しいと感じた人は前の級にもどり，力のある人はどんどん上の級にチャレンジしましょう。

④ 巻末の「答え」で解き方をくわしく解説

問題を解き終わったら，巻末の「答え」で答え合わせをしましょう。「とき方」で，特に重要なことがらは「チェックポイント」□□□□□□□しながら学習を進めることができます。

JN124519

文章題・図形 **10級**

本書に関する最新情報は，当社ホームページにある本書の「サポート情報」をご覧ください。（開設していない場合もございます。）

えん筆が12本あります。3人で同じ数ずつ分けると，1人分は何本になりますか。

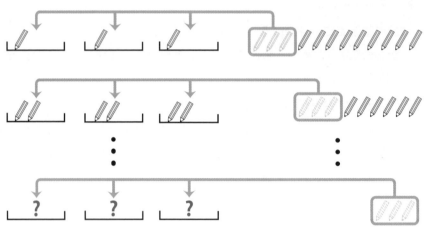

上の図から，同じ数ずつ分けられるところまで分ける計算をすればいいことになります。このような計算をわり算といいます。

わり算の式は，（全部の数）÷（分ける数）＝（1つ分の数）になります。

（式）　①［　　　］ ÷ 3 ＝ ②［　　　］　　　（答え）③［　　　　　］

　　　　　↑　　　　 ↑　　　　 ↑
　　　全部の数　 分ける数　 1人分の数

ポイント　同じ数ずついくつかに分けるとき，1つ分の数はわり算で計算します。

1　りんごが6こあります。2人で同じ数ずつ分けると，1人分は何こになりますか。

　（式）6÷①［　　　］＝②［　　　］

（答え）③［　　　　　］

2 ノートが 20 さつあります。これを 5 人で同じ数ずつ分けると，1 人分は何さつになりますか。

(式)

(答え) [　　　　　]

3 子どもが 6 人います。48 まいの色紙を同じ数ずつ分けると，1 人分は何まいになりますか。

(式)

> 1 人分をもとめるときはわり算を使うんだよ。

(答え) [　　　　　]

4 32 人の子どもが，同じ人数の組を 8 つつくりました。1 つの組には何人いますか。

(式)

(答え) [　　　　　]

5 45 ページある本を，毎日同じページずつ読んでいくと，全部読むのに 9 日間かかりました。1 日に何ページずつ読みましたか。

(式)

> 9 日分に分ければいいんだね。

(答え) [　　　　　]

2日 わり算で考えよう (2)

えん筆が 15本あります。1人に5本ずつ分けると，何人に分けることができますか。

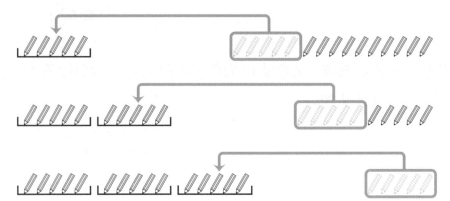

上の図から3人に分けられることがわかります。ここでは，図を使わずに答えをもとめてみましょう。(1人分の数)×(人数)＝(全部の数)だから，人数は，5×□＝15 の□にあてはまる数になります。

□にあてはまる数をもとめるには，わり算を使います。

(式) ①□ ÷ 5 = ②□ 　　　(答え) ③□

　　　↑　　　　 ↑　　　 ↑
　全部の数 1人分の数 分ける数

ポイント 同じ数ずついくつに分けられるかもとめるときも，わり算で計算します。

1 おかしが 16こあります。1人に4こずつ分けると，何人に分けることができますか。

(式) 16÷①□ = ②□

(答え) ③□

2 21 さつのノートを，1人に3さつずつ分けました。何人に分けること
ができましたか。

（式）

（答え） ⬚

3 たまごを6こずつつめられるパックがいくつかあります。54このたま
ごを全部パックにつめました。たまごの入ったパックは何パックできま
したか。

（式）

（答え） ⬚

4 あるクラスの人数は32人です。先生が，4人で1つのはんになるよう
にクラスのみんなを分けました。いくつのはんができましたか。

（式）

> 4×（はんの数）
> ＝（クラスの人数）だね。

（答え） ⬚

5 牛にゅうが2Lあります。1日に4dLずつ飲んでいくと，牛にゅうは
何日目になくなりますか。

（式）

（答え） ⬚

3日 わり算で考えよう (3)

赤いリボンの長さは 35 cm で，青いリボンの長さは 5 cm です。赤いリボンの長さは，青いリボンの長さの何倍（ばい）ですか。

赤　　　　　　　　　　35cm

青　　　5cm

5 cm のリボンのいくつ分が 35 cm になるかを考えてみましょう。

5 cm の何倍かをもとめることは，5 cm の何こ分かをもとめることになります。式（しき）で表（あらわ）すと，5×□＝35 の□にあてはまる数をもとめればよいことになります。

（式）①［　　　］÷ 5 ＝ ②［　　　］　　　（答え）③［　　　］

　　　↑　　　　↑　　　↑
　　赤の長さ　青の長さ　何倍

ポイント

2つのリボンの長さのかんけいは，下のようになります。

青いリボン　□倍　　赤いリボン
5 cm　⟹　35 cm

何倍かをもとめる計算はわり算になります。

1 校庭（こうてい）の花だんに白い花が 4 本，赤い花が 32 本さいていました。さいている赤い花の本数は白い花の本数の何倍ですか。

（式）32÷①［　　　］＝②［　　　］

（答え）③［　　　］

2 箱の中にケーキが6こ入っています。かんの中には，あめが 36 こ入っています。あめの数はケーキの数の何倍になっていますか。

（式）

（答え）

3 あめが 32 こあったので，姉が8こ，妹が 24 こになるように分けました。妹のあめの数は姉のあめの数の何倍ですか。

（式）

答えをもとめるのに使わない数字があるよ。

（答え）

4 はるとさんはカードを7まい持っています。はるとさんの兄さんが持っているカードのまい数は 56 まいです。兄さんが持っているカードのまい数は，はるとさんの持っているカードのまい数の何倍ですか。

（式）

（答え）

5 家から学校まで歩いて行くと 24 分かかりますが，バスで行くと6分で着きます。学校まで歩いて行く時間は，バスで行くときの何倍の時間がかかりますか。

（式）

（答え）

4日 わり算で考えよう（4）

45 このあめを１つの箱（はこ）に５こずつ入れていきました。あめを全部（ぜんぶ）箱に入れ終（お）わったとき，箱がまだ２箱のこっていました。箱は，全部で何箱ありましたか。

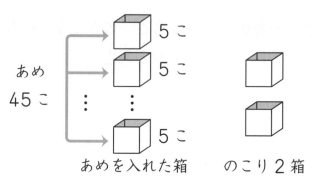

あめ
45 こ

5 こ
5 こ
5 こ

あめを入れた箱　　のこり２箱

45 このあめを１箱に５こずつ入れ終わったとき，あめの入った箱の

数は，　①[　]÷②[　]=③[　]（箱）

空の箱が２箱のこったので，箱の数は全部で，

③[　]+2=④[　]（箱）　　　（答え）⑤[　]

ポイント まず，あめを入れた箱の数を考えます。

1 12 このケーキを，１まいの皿（さら）に２こずつのせていきました。ケーキを全部皿にのせ終わったとき，まだ，皿が５まいのこっていました。皿は全部で何まいありましたか。

（式（しき））12÷①[　]=②[　]

②[　]+③[　]=④[　]

（答え）⑤[　]

2 54人の子どもが，1つの長いすに6人ずつすわっていきました。長いすは全部で15きゃくあります。だれもすわらなかった長いすは何きゃくありますか。

（式）

（答え）［　　　　　　　］

3 子どもが何人かいます。72このあめを，1人に8こずつ同じように配ろうとすると，ちょうど1人分のあめがたりなくなります。子どもはみんなで何人いますか。

（式）

（答え）［　　　　　　　］

4 120円のチョコレートを1つとあめを8こ買うと，ちょうど200円になりました。あめ1こは何円ですか。

（式）

あめ8こ分は，いくらになるかな？

（答え）［　　　　　　　］

5 いま，ゆうきさんは9才で，父は41才です。父は母より5才年上です。母の年れいはゆうきさんの年れいの何倍ですか。

（式）

（答え）［　　　　　　　］

① 同じページ数の本を，兄と弟が毎日同じ時間読みました。兄は3日で読み終わりました。弟は読み終わるのに12日かかりました。弟は本を全部読むのに，兄の何倍かかりましたか。(12点)

（式）

（答え）

② 皿が8まいとケーキが16こあります。ケーキを同じ数ずつ皿にのせていきました。1まいの皿にケーキは何このっていますか。(12点)

（式）

（答え）

③ あめを買いにお店に行くと，1こ8円のあめがありました。持っているお金は72円です。このあめは何こまで買えますか。(12点)

（式）

（答え）

④ みかんが24ことも，皿が10まいあります。1まいの皿にみかんを4こずつのせていきました。みかんが1こものっていない皿は何まいありますか。(14点)

（式）

（答え）

⑤ そうたさんは弟とゲームをしました。そうたさんのゲームのとく点は 24 点，弟のとく点は 8 点でした。そうたさんのとく点は，弟のとく点の何倍ですか。(12点)

（式）

（答え）

⑥ 同じあつさの本を 6 さつ重ねて，その高さをはかると 4 cm 8 mm でした。本 1 さつのあつさは，何 mm ですか。(12点)

（式）

（答え）

⑦ ジュースが 2L 8dL あります。これを 4 dL ずつびんに分けたいと思います。びんを何本用意すればよいですか。(12点)

（式）

（答え）

⑧ はじめに，あめが 52 こありましたが，これに 12 こたして，1 つのふくろに 8 こずつ分けることにしました。ふくろは全部で何ふくろできますか。(14点)

（式）

（答え）

6日 時こくと時間 (1)

➡答えは67ページ　　　月　　日

午前7時40分に家を出て，午前8時5分に学校に着きました。家を出てから学校に着くまでにかかった時間は何分ですか。

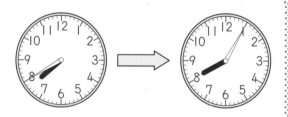

時間を数直線で表してみます。

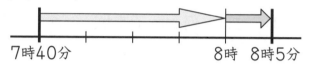

7時40分　　　　　　　8時　8時5分

7時40分から8時までは ①[　　　　]分，8時から8時5分までは ②[　　　　]

分だから，かかった時間は，

①[　　　　] ＋ ②[　　　　] ＝ ③[　　　　]（分）　　　（答え）④[　　　　]

ポイント 時間をもとめるときは，数直線で考えるとわかりやすくなります。

---

1 午後2時45分から午後3時25分まで本を読みました。本を読んでいた時間は何分ですか。

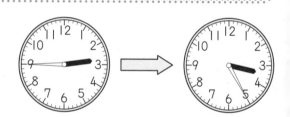

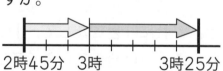

2時45分　3時　　3時25分

2 はるきさんが，学校から家に帰って時計を見ると午後4時10分でした。はるきさんが学校を出たのは午後3時35分でした。学校を出て，家に着くまでにかかった時間はどれだけですか。

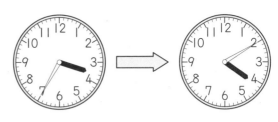

3 ななみさんは，午後4時20分から30分勉強をしました。そのあと，ピアノの練習を午後5時30分までしました。ピアノの練習をした時間はどれだけですか。

4 ゆうきさんが公園に遊びに行きました。公園に着いたのは午後1時15分でした。公園で遊んでから家に帰るときに時計を見ると，午後3時10分でした。ゆうきさんが公園で遊んでいた時間はどれだけですか。

5 ゆうなさんがおばあさんの家まで電車で行きます。午前10時18分に電車に乗って，おばあさんの家の近くの駅に着いたのは午前11時24分でした。ゆうなさんが電車に乗っていた時間は何時間何分ですか。

1時間は60分だよ。

7日 時こくと時間 (2)

➡答えは67ページ　月　日

けんじさんの家から学校までは歩いて行くと25分かかります。ある日，けんじさんは午前7時50分に家を出ました。学校に着く時こくは午前何時何分ですか。

時こくを数直線で表してみます。
7時50分から8時までは

① ［　　　　］分。

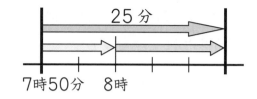

25−①［　　　　］=②［　　　　］（分）より，学校に着くのは午前8時の②［　　　　］分後で，午前③［　　　　］時②［　　　　］分です。

ポイント 時こくをもとめるときも，数直線で考えるとわかりやすくなります。

1 あすかさんはデパートへ買い物に行くために午後3時45分に家を出ました。デパートに着くまでには40分かかりました。デパートに着いた時こくは午後何時何分ですか。

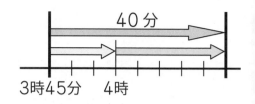

2 ひろとさんが 40 分本を読んでいたら，午後 7 時 15 分になりました。ひろとさんが本を読み始めた時こくは午後何時何分ですか。

3 ゆきさんの家からおじいさんの家までは 1 時間 15 分かかります。10 時 30 分におじいさんの家に着くためには，家を何時何分に出発すればよいですか。

4 ゆうじさんのサッカーチームがしあいをしました。しあいは 9 時 30 分から始まり，前半の 45 分が終わったところで 10 分間の休けいがあります。後半が始まる時こくは何時何分ですか。

前半が終わったのは何時何分かな？

5 たけるさんの家から学校までは歩いて 25 分かかります。ある日，家を出てから 10 分後にわすれものに気がついたので，走って家まで 5 分でもどり，すぐにまた歩いて学校へ向かい，学校に着いたのは 8 時 5 分でした。この日，たけるさんが家を出た時こくは何時何分ですか。

8日 時こくと時間 (3)

ゆきさんは家族で動物園に行きました。午前 10 時 20 分に入園し，出たのは午後 3 時 10 分でした。動物園の中にいた時間は何時間何分ですか。

時間を数直線で表してみます。

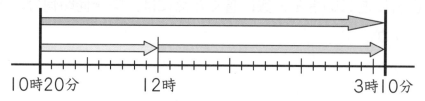

10時20分　　　　　12時　　　　　　　　3時10分

午前 10 時 20 分から 12 時までは ① ⬜ 時間 ② ⬜ 分，

12 時から午後 3 時 10 分までは 3 時間 10 分なので，あわせて，

① ⬜ 時間 ② ⬜ 分＋3 時間 10 分

＝③ ⬜ 時間 ④ ⬜ 分

 午前から午後にまたがる時間は，12 時までと 12 時から後の 2 つに分けて考えます。

---

1 まさしさんの学校で，運動会が午前 9 時に始まって，6 時間 40 分後に終わりました。運動会が終わった時こくは午後何時何分ですか。

2 かなみさんの家からおじさんの家までは，3時間15分かかります。午後2時10分におじさんの家に着くようにするには，家を午前何時何分に出ればよいですか。

| |
| |

3 さやかさんはお母さんと買い物に行きました。午前9時20分に家を出て，買い物をして家に帰ってきたのは4時間50分後でした。家に帰った時こくは午後何時何分ですか。

家を出てから12時までは何時間何分かな？

| |
| |

4 ななみさんの家からゆかさんの家までは20分かかります。ゆかさんの家に遊びに行って，午前10時から3時間45分遊んでから帰りました。ななみさんが家に着いた時こくは午後何時何分ですか。

| |
| |

5 そうたさんは家族で海に行きました。家から駅まで10分歩き，電車に1時間45分乗った後，20分歩いて，海に午後1時20分に着きました。そうたさんたちが家を出た時こくは午前何時何分ですか。

| |
| |

時こくと時間 (4)

ひろとさんが公園のまわりを2しゅう走りました。1しゅう目は40秒，2しゅう目は45秒かかりました。ひろとさんは公園のまわりを2しゅう走るのに，何分何秒かかりましたか。

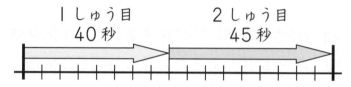

2しゅう走るのにかかった時間は，あわせて，

40+45=① ☐（秒）になります。

60秒＝1分 だから，

① ☐秒＝60秒＋② ☐秒

=③ ☐分② ☐秒

ポイント かかった時間の合計は，たし算でもとめます。
60秒＝1分 です。

1 ゆりさんとりえさんが計算ドリルを5題しました。ゆりさんは1分10秒，りえさんは55秒かかりました。2人が計算ドリルをするのにかかった時間のちがいは何秒ですか。

2 たかえさんが50m泳ぐのに，はじめの25mは28秒，のこりの25mは34秒かかりました。たかえさんは50m泳ぐのに何分何秒かかりましたか。

3 はやとさんは，1分6秒でグラウンドを1しゅうしました。たけるさんははやとさんより9秒速く1しゅうしました。たけるさんはグラウンドを1しゅうするのに何秒かかりましたか。

4 ゆきえさんが家から学校まで行くのに，家からとちゅうの公園までは7分45秒かかり，公園から学校までは4分25秒かかりました。ゆきえさんは家から学校まで何分何秒かかりましたか。

5 ようこさんとりかさん，ゆかりさんの3人が50m泳ぎました。ようこさんは1分5秒かかり，りかさんはようこさんより7秒速く泳ぎました。ゆかりさんは72秒で泳ぎました。いちばん速く泳いだ人と，いちばんおそく泳いだ人では，何秒ちがいますか。

いちばん速く泳いだ人は，りかさんだよ。

① 家を午後2時30分に出て，学校の前を通って公園へ行きました。学校までは15分，学校から公園に着くまで25分かかりました。公園に着いた時こくは午後何時何分ですか。(12点)

② あきらさんが計算テストをしました。かかった時間は，1回目が35秒，2回目が48秒でした。あわせて何分何秒かかりましたか。(12点)

③ 友だちと午後3時15分から公園で遊びます。家から公園に行くのに18分かかります。家を午後何時何分に出ればよいですか。(12点)

④ 家から図書館まで歩いて45分かかりました。図書館に着いてからは2時間30分本を読みました。図書館にいた時間は家から図書館まで歩いた時間より何時間何分長いですか。(12点)

⑤ ゆりさんは買い物に行くために，午前8時45分に家を出ました。買い物をして家に帰ってくるまでに2時間25分かかりました。家に帰った時こくは何時何分ですか。(14点)

⑥ しげるさんは，体育館の中を2しゅうする時間をはかりました。1しゅう目が終わったときは2分15秒，2しゅう目が終わったときは4分50秒でした。2しゅう目にかかった時間は何分何秒ですか。(12点)

⑦ 家から空港まで行くのに，バスでは1時間5分かかり，タクシーでは45分かかります。空港までバスで行くときの時間とタクシーで行くときの時間のちがいはどれだけですか。(12点)

⑧ はるなさんはバスで遠足に行きました。学校を午前9時15分に出発して，帰ってきたのは午後3時35分でした。学校を出発してから帰ってくるまでの時間は何時間何分ですか。(14点)

11日 たし算とひき算 (1)

はるきさんは，645円の筆箱（ふでばこ）と，598円の色えん筆（ぴつ）を買いました。筆箱と色えん筆をあわせた代金（だいきん）は何円になりますか。

2つの代金の合計だから，たし算でもとめます。計算は筆算（ひっさん）でしましょう。

（式）（しき）645+598

```
 |←くり上がり          |   |
    6  4  5           6  4  5
 +  5  9  8        +  5  9  8
 ─────────        ─────────────────
          3        |  ② | ① |  3
```

（答え）③ _____

 ポイント　たし算の筆算は，位（くらい）をそろえて一の位から計算します。
くり上がりに注意（ちゅうい）しましょう。

---

1 赤の色紙が342まい，青の色紙が126まいあります。赤の色紙は，青の色紙より何まい多いですか。

（式）342−126

```
         3←くり下がり
    3  4  2
 −  |  2  6
 ──────────────
   ③ | ② | ①
```

（答え）④ _____

2 兄は 585 円, 弟は 346 円のおこづかいを持っています。兄と弟のおこづかいをあわせるといくらになりますか。

（式）

十の位もくり上がるよ。

（答え）

3 あきこさんが 621 円を持って買い物に行きました。買い物の代金をはらったら, のこりが 258 円でした。買い物の代金はいくらでしたか。

（式）

（答え）

4 けんじさんの小学校のじどうは, 男子が 347 人, 女子が 376 人です。けんじさんの小学校には, 全部で何人のじどうがいますか。

（式）

（答え）

5 電車に 705 人が乗っています。ある駅で 216 人がおりました。電車に乗っている人は何人になりましたか。

（式）

（答え）

12日 たし算とひき算 (2)

動物園に入園した人は，土曜日が 1537 人，日曜日が 1156 人でした。2日間で入園した人は全部で何人ですか。

土曜日
1537人

日曜日
1156人

（2 日間で入園した人数）＝（土曜日の人数）＋（日曜日の人数）

（式）1537＋1156

```
        1←くり上がり
     1  5  3  7
  +  1  1  5  6
    ④  ③  ②  ①
```

（答え）⑤ [   ]

ポイント 数が大きくなっても，位をそろえて一の位から計算します。くり上がりの回数が多いときは，計算まちがいに気をつけましょう。

1 たかえさんは服を買うために 4500 円持ってデパートへ行きました。服を買ったら 1350 円のこりました。買った服はいくらでしたか。

（式）4500－1350

```
        4←くり下がり
     4  5  0  0
  -  1  3  5  0
    ③  ②  ①     0
```

（答え）④ [   ]

2 たけるさんの町には小学生の男子が 1123 人，女子が 1294 人います。男子と女子のちがいは何人ですか。

（式）

（答え）

3 公園の花だんに，赤い花が 1206 本，黄色の花が 2365 本植えてあります。全部で何本の花が植えてありますか。

（式）

（答え）

4 はやとさんは 1240 円の本と 3500 円のゲームを買おうと思っています。全部でいくらいりますか。

（式）

本とゲームをあわせたお金がいるね。

（答え）

5 コンサートが 2 日間あり，1 日目は 2546 人が来ました。2 日間で来た人は全部で 5761 人でした。2 日目に来た人は何人でしたか。

（式）

（答え）

13日 かけ算で考えよう（1）

1こ18円のおかしを6こ買います。
代金は全部でいくらになりますか。

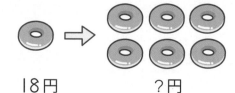

18円　　　　　　　　？円

（全部の代金）＝（1このねだん）×（こ数）
になります。計算は筆算でしましょう。

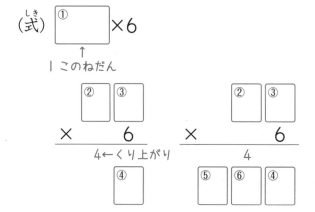

(式) ①□ ×6
↑
1このねだん

② ③
× 　　6
4←くり上がり
④

② ③
× 　　6
4
⑤ ⑥ ④

（答え）⑦

ポイント （2けた）×（1けた）のかけ算の筆算は，位をそろえて書き，一の位からじゅんに計算します。計算した数字を書く場所をまちがえないようにしましょう。

1 えん筆5ダースを子どもたちに配ります。配るえん筆は全部で何本ですか。

(式) ①□ ×5

② ③
× 　　5
1←くり上がり
⑤ ④

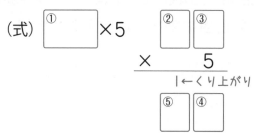

1ダースは
12本だよ。

（答え）⑥

2 1きゃくに6人がすわれる長いすが15きゃくあります。全部で何人すわることができますか。

（式）

(答え) ⬜

3 リボンを同じ長さに切って短いリボンをつくり，4人に1本ずつ配りました。1人分のリボンの長さは24cmでした。もとのリボンの長さは何cmですか。

（式）

(答え) ⬜

4 1まいの大きな画用紙で64まいのカードをつくります。大きな画用紙は全部で9まいあります。カードは全部で何まいできますか。

（式）

(答え) ⬜

5 ゆりさんは，童話を毎日15ページずつ読んでいます。1週間では，何ページ読みますか。

（式）

(答え) ⬜

14日 かけ算で考えよう (2)

1こ115円のりんごがあります。7こ買うときの代金は何円になりますか。

(全部の代金)＝(1このねだん)×(こ数) になります。

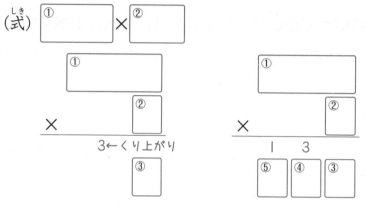

(式) ① □ × ② □

① □
   ② □
×
─────
3←くり上がり
   ③ □

① □
   ② □
×
─────
  1   3
⑤ □ ④ □ ③ □

(答え) ⑥ □

ポイント (3けた)×(1けた)のかけ算の筆算も，位をそろえて書き，(2けた)×(1けた)と同じように計算します。

1 遊園地の入園りょうは1人350円です。6人で入園すると，入園りょうは全部でいくらになりますか。

(式) ① □ ×6＝ ② □

筆算で計算しよう。

(答え) ③ □

2 色紙が入ったふくろが7ふくろあります。1ふくろには125まいの色紙が入っています。色紙は全部で何まいありますか。

（式）

（答え）

3 1つのふくろにあめが12こずつ入っています。これを1人に3ふくろずつ，6人に配りました。配ったあめは全部で何こですか。1つの式で表してもとめましょう。

（式）

（答え）

4 ゆりさんはおはじきを16こ持っています。めぐみさんはゆりさんの2倍のおはじきを持っています。りかさんが持っているおはじきはめぐみさんの3倍です。りかさんが持っているおはじきは何こですか。1つの式で表してもとめましょう。

（式）

（答え）

5 ひろとさんは，計算ドリルの問題を毎日15題ずつ3週間ときました。ひろとさんが3週間でといた問題は全部で何題ですか。1つの式で表してもとめましょう。

（式）

（答え）

15日 まとめテスト (3)

1 ゆうたさんたちは8人でバスに乗って駅まで行きました。1人あたりのバス代は320円でした。バス代は全部でいくらですか。(12点)

（式）

（答え）

2 買い物に行って643円使ったので，のこりのお金が389円になりました。はじめに持っていたお金はいくらですか。(12点)

（式）

（答え）

3 ゆりさんの学校には小学生が576人います。全員にえん筆を3本ずつ配ることにします。えん筆は全部で何本用意すればよいですか。(12点)

（式）

（答え）

4 動物園におとなと子どもあわせて3652人が来ました。そのうち，おとなは1125人でした。何人の子どもが動物園に来ましたか。(12点)

（式）

（答え）

⑤ 長さが 4m のリボンを 3つ買いました。このリボンの 1m あたりのねだんは 43円です。リボンの代金は全部でいくらになりますか。(14点)
（式）

（答え）

⑥ 253ページある本を 113ページまで読みました。あと何ページ読むと全部読み終わりますか。(12点)
（式）

（答え）

⑦ 公園に白い花と赤い花がさいています。白い花が 3540本さいていて，赤い花は白い花より 1147本少ないそうです。赤い花は何本さいていますか。(12点)
（式）

（答え）

⑧ 1こ 65円のおかしが 1つの箱に 6こ入っています。このおかしを 8箱買うにはいくらいりますか。1つの式で表してもとめましょう。(14点)
（式）

（答え）

16日 長　さ

ゆかさんの家からゆうびん局までの道のりは 420 m，ゆうびん局から学校までの道のりは 780 m です。ゆかさんの家から学校までの道のりは何 km 何 m ありますか。

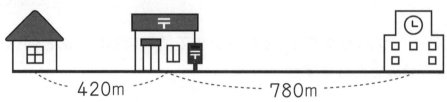

420m　　　　　780m

家から学校までの道のりは，家からゆうびん局までの道のりと，ゆうびん局から学校までの道のりをあわせた道のりになるので，

420＋780＝ □① 　　（m）

1000 m＝1 km だから，

□① m＝1000 m＋ □② m

＝ □③ km □② m

ポイント　道にそってはかった長さを道のりといいます。
1000 m＝1 km です。

1 赤のテープの長さは 1 m 45 cm で，青のテープは赤のテープより 65 cm 短くなっています。青のテープの長さは何 cm ですか。

（式）

1 m＝100 cm だよ。

（答え）

2 たての長さが 32 cm, 横の長さが 93 cm の長方形があります。この長方形のたてと横の長さをあわせた長さは何 m 何 cm ですか。

（式）

（答え）

3 家から 2 km 250 m はなれた公園に行きます。家から 1 km 420 m を走って，そのあと公園までは歩きました。歩いた道のりは何 m ですか。

（式）

（答え）

4 りかさんの家から公園を通って学校まで行くときの道のりは 2 km 300 m です。公園から学校までの道のりは 1 km 50 m です。りかさんの家から公園までの道のりは何 km 何 m ですか。

（式）

（答え）

5 右の地図はななみさんの家のまわりの地図です。ななみさんの家からまっすぐ学校まで行くのと，公園を通って学校まで行くのとでは，どちらのほうが何 m 長いですか。

公園　370m

920m

学校

1km155m

家

（式）

（答え）

17日　重　さ

重さが 400 g のかごに 700 g のみかんを入れました。かごとみかんを全部あわせた重さは何 kg 何 g ですか。

（全部の重さ）＝（かごの重さ）＋（みかんの重さ）

になるので,

400＋700＝ ① [　　　　] （g）

1000 g＝1 kg だから,

① [　　　　] g＝1000 g＋ ② [　　　　] g

＝ ③ [　　　] kg ② [　　　] g

ポイント　重さのたんいには g，kg などがあります。
1000 g＝1 kg です。

1 りかさんの体重はお母さんより 23 kg 900 g 軽いです。お母さんの体重は 48 kg 600 g です。りかさんの体重は何 kg 何 g ですか。
（式）

48 kg 600 g は
47 kg 1600 g
になるね。

（答え） [　　　　　　　　]

2 小さい車と大きい車があります。小さい車の重さは 900 kg です。大きい車は小さい車より 600 kg 重いです。大きい車の重さは何 t 何 kg ですか。

（式）

（答え）

3 荷物が入っている大中小の箱の重さをはかると，大の箱は 3 kg 800 g，中の箱は 1600 g，小の箱は 650 g ありました。3つの箱全部をあわせた重さは何 kg 何 g ですか。

（式）

（答え）

4 かごにりんごとみかんがそれぞれいくつか入っています。りんごはあわせて 900 g，みかんはあわせて 850 g あります。けんたさんが重さ 120 g のみかん 1 こをかごからとって食べました。のこりのりんごとみかんをあわせた重さは何 kg 何 g ですか。

（式）

（答え）

5 同じ重さのボールが何こかあります。かごに 10 このボールを入れて重さをはかると 1 kg 290 g ありました。同じかごに 20 このボールを入れて重さをはかると 2 kg 490 g ありました。かごの重さは何 g ですか。

（式）

（答え）

18日 円 と 球 (1)

右の図のように, 半径が6cmの円と半径が8cmの円をかきました。⑦の点から⑦の点までの長さは何cmですか。

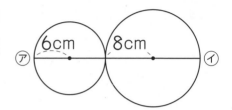

半径が6cmの円の直径は, ① ☐ cm

半径が8cmの円の直径は, ② ☐ cm

⑦の点から⑦の点までの長さは, 半径が6cmの円の直径と, 半径が8cmの円の直径をあわせたものです。

(式) ① ☐ + ② ☐ = ③ ☐

(答え) ④ ☐

ポイント (直径) = (半径) ×2

1 家から学校までは⑦と⑦の2つの行き方があります。学校までの道のりが短いのは⑦と⑦の行き方のどちらですか。コンパスで長さを写しとってくらべましょう。

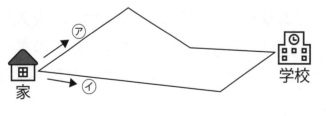

⑦ ————————————————

⑦ ————————————————

☐

2 半径が 7 cm の円⑦と直径が 15 cm の円⑦をかきました。どちらの円の直径が何 cm 長いですか。

（式）7×2＝ ①□

②□ － ①□ ＝ ③□

（答え）④□ のほうが ⑤□ cm 長い。

3 右の図のように，正方形の中にぴったりと入る円をかきました。この円の半径は何 cm ですか。
（式）

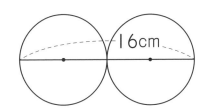

18cm

（答え）□

4 右の図のように，同じ大きさの円を 2 こかきました。この円の半径は何 cm ですか。
（式）

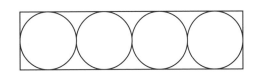

16cm

（答え）□

5 右の図のように，同じ大きさの 4 この円が，長方形の中にぴったりと入っています。この円の半径は 6 cm です。長方形の横の長さは何 cm ですか。
（式）

横の長さは円の直径のいくつ分かな。

（答え）□

➡答えは73ページ　　月　　日

19日 円 と 球 (2)

右の図のように，同じ大きさの2この球（きゅう）をくっつけてならべました。⑦の点から⑦の点までの長さは 20 cm でした。この球の半径（はんけい）は何 cm ですか。

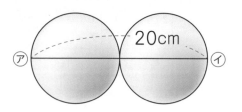

20 cm は，球の直径2つ分になります。

球の直径は，① [　　] ÷ 2 = ② [　　]（cm）

球の半径は，直径の半分なので，

② [　　] ÷ 2 = ③ [　　]（cm）

（答え）④ [　　　　　　]

ポイント　球をちょうど半分に切ったときの切り口の円の中心，半径，直径が，球の中心，半径，直径になります。

---

1 直径が 8 cm の球と直径が 18 cm の球があります。2つの球の半径のちがいは何 cm ですか。

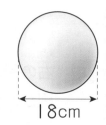
8cm　18cm

（式）8 ÷ 2 = ① [　　]

18 ÷ 2 = ② [　　]

② [　　] － ① [　　] = ③ [　　]

（答え）④ [　　　　　　]

2 右の図のように，半径が 6 cm のボール 3 こを，箱の中に 1 列にぴったりとしまうためには，箱の横の長さは何 cm にすればいいですか。

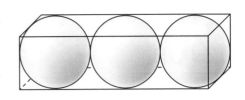

（式）

（答え）

3 右の図のように，半径が 3 cm の球を何こかまっすぐにならべました。⑦の点から④の点までの長さは 48 cm です。ならべた球は何こですか。

（式）

（答え）

4 右の図のように，半径が 4 cm のボールを，高さが 32 cm のつつに入れていきます。ボールは何こ入りますか。

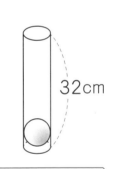

（式）

（答え）

5 右の図のように，同じ大きさのボールが，箱の中にすきまなくぴったりと入っています。箱の⑦の長さは何 cm ですか。

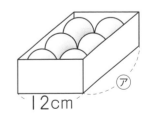

（式）

（答え）

⑦の長さは，球の直径がいくつ分かな。

20日 まとめテスト (4)

① 家から駅までの道のりは 2 km 400 m です。駅から学校までの道のり
は 600 m です。家から駅の前を通って，学校まで行くときの道のりは
何 km 何 m ですか。(12点)

(式)

(答え) _____

② 荷物をつんだトラックの重さは 3t 200 kg でした。このトラックの重
さは 2t 800 kg です。つんだ荷物の重さは何 kg ですか。(12点)

(式)

(答え) _____

③ 右の図のように，半径が 12 cm の円
を 4 こかきました。㋐の点から㋑の点
までの長さは何 cm ですか。(12点)

(式)

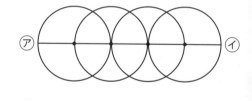

(答え) _____

④ 右の図のように，直径が 8 cm の球と直径が
16 cm の球がくっついてならんでいます。
2つの球の中心㋐と㋑をむすんだ線の長さは
何 cm ですか。(12点)

(式)

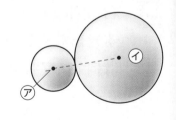

(答え) _____

⑤ かごにりんごを入れて重さをはかったら 2 kg 600 g ありました。かごの重さをはかったら 290 g でした。りんごの重さは何 kg 何 g ですか。(12点)

(式)

(答え)

⑥ 右の地図は，あやのさんの家のまわりの地図です。あやのさんの家から学校までの道のりときょりとでは，どちらが何 m 長いですか。(12点)

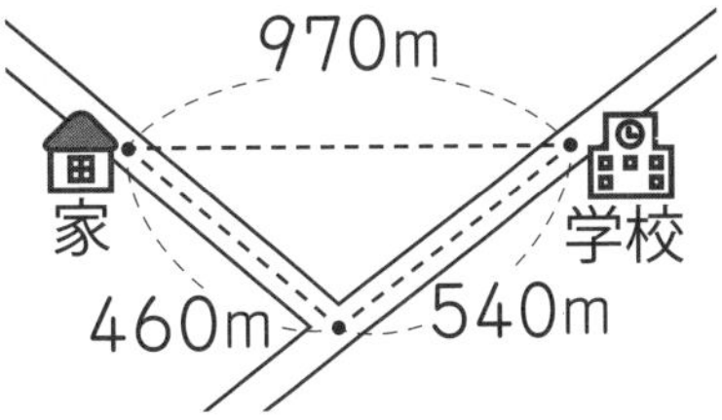

970m
460m 540m
家 学校

(式)

(答え)

⑦ 右の図のように，同じ大きさのボールが，箱の中にぴったりと入っています。この箱のたての長さは何 cm ですか。(14点)

45cm

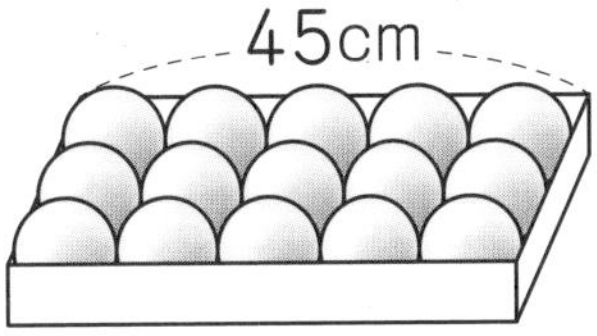

(式)

(答え)

⑧ 右の図のように，半径が 6 cm の円と 10 cm の円がくっついています。㋐の点から㋑の点までの長さは何 cm ですか。(14点)

㋐ ㋑ 6cm
10cm

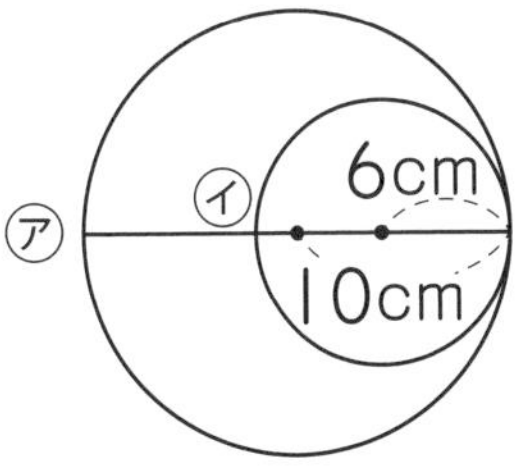

(式)

(答え)

21日 図を使って考えよう（1）

同じ大きさの正方形を横一列にならべていきます。9まいならべると横の長さが27cmになりました。この正方形の1辺の長さは何cmですか。

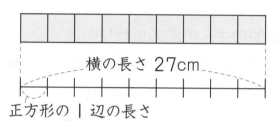

横の長さ 27cm

正方形の1辺の長さ

正方形の1辺の長さの9倍が横の長さなので，□×9＝27 の□にあてはまる数をもとめます。

（式） | ① | ÷9＝ | ② |

（答え） | ③ |

ポイント 1辺の長さの9倍が横の長さになることに目をつけて図をかくとわかりやすくなります。

1 りささんのクラスは全部で32人です。同じ人数ずつグループをつくったら，ちょうど8つのグループができました。1つのグループの人数は何人ですか。

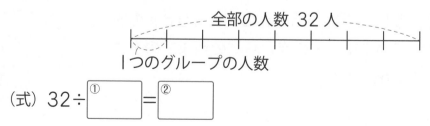

全部の人数 32人

1つのグループの人数

（式） 32÷| ① |＝| ② |

（答え） | ③ |

2 はばが 24 cm の本だなに同じあつさ
の本をすきまなくならべると，ちょう
ど6さつの本がならびました。本1さ
つのあつさは何 cm ですか。

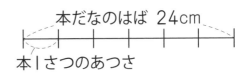

本だなのはば 24cm

本1さつのあつさ

（式）

（答え）

3 バケツを使って，56 L 入る水そうに水をいっぱいに入れます。バケツ
で水を8回入れたときに水そうがいっぱいになりました。バケツには何
L の水が入りますか。

（式）

（答え）

4 全部で 72 ページの本があります。毎日同じページずつ読んでいくと，
ちょうど1週間と2日で読み終わりました。1日に何ページずつ読みま
したか。

（式）

読み終わるのに何
日かかったかな。

（答え）

5 いすを何人かで運びます。1人8きゃくずつ運んで，64 きゃくのいす
を運び終わりました。何人でいすを運びましたか。

（式）

（答え）

➡答えは74ページ　　月　　日

22日 図を使って考えよう (2)

何本かの花があります。これを6本ずつたばにしていくと，7つの花たばができました。全部で花は何本ありますか。

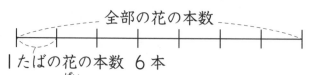

1たばの花の本数の7倍が全部の花の本数になります。

(式) 6×①□=②□

(答え) ③□

ポイント 図から，全部の花の本数は，1たばの本数6本の7つ分になることがわかるので，6本の7倍になります。

---

1 りんごが何こかあります。これを12箱に同じ数ずつ入れていくと，どの箱も4こずつになりました。りんごは全部で何こありますか。

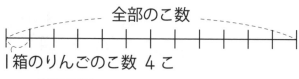

(式) ①□×12=②□

全部のこ数は1箱の
こ数の12倍だよ。

(答え) ③□

2 1本のひもを 6cm ずつ切ると，
ちょうど 14 本に分けられました。
切る前のひもの長さは何 cm です
か。

切る前のひもの長さ

6cm

（式）

（答え）

3 びんに入っているジュースを 8dL ずつコップに分けると，ちょうど
16 こに分けられました。びんに入っていたジュースは何 L 何 dL で
すか。
（式）

（答え）

4 本だなに同じあつさの本をならべていくと，ちょうど 28 さつならべる
ことができました。本のあつさは 4cm です。本だなの長さは何 m 何
cm ですか。
（式）

（答え）

5 たけるさんは，1 分間に 55m 歩きます。家からバスていまで歩いてい
くと，ちょうど 7 分かかりました。家からバスていまでは何 m ありま
すか。
（式）

（答え）

23日 図を使って考えよう（3）

ちゅう車場に車が何台かとまっていました。そのうち11台が出ていきました。そのあとまた8台が出ていったので，のこりの車は37台になりました。はじめにとまっていた車は何台ですか。

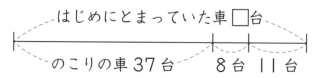

（とまっていた車の数）＝（のこりの数）＋（出ていった数）

出ていった車の数は，①□＋8＝②□ （台）

とまっていた車の数は，37＋②□＝③□ （台）

（答え）④□

ポイント もとの数やへったりふえたりした数がきちんとわかるように図をかいてみましょう。

---

1 はるとさんはお母さんから90円もらい，お父さんから270円もらったので，持っているおこづかいが640円になりました。はるとさんがはじめに持っていたおこづかいはいくらですか。

（式）90＋①□＝②□

640－②□＝③□

（答え）④□

2 りかさんは持っていた色紙のうち，17まいでおりづるをおりました。その後，色紙のわっかを作るのに27まいを使ったので，のこりが9まいになりました。りかさんがはじめに持っていた色紙は何まいですか。

（式）

（答え）

3 ゆりさんは，198ページある本をきのうまでに114ページ読みました。今日は，のこりが40ページになるまで読むつもりです。ゆりさんは，今日何ページ読むつもりですか。

（式）

（答え）

4 バスに何人か乗っています。バスていで11人がおりて，8人が乗ってきたので，乗っている人は47人になりました。はじめにバスに乗っていた人は何人ですか。

（式）

（答え）

5 ゆみさんは，家から公園を通って学校まで歩きました。家から公園までは10分かかりました。公園で35分遊んだので，家から学校までは58分かかりました。公園から学校まで歩くのにかかった時間は何分ですか。

（式）

（答え）

24日 図を使って考えよう（4）

テープが２本あります。２つのテープをあわせた長さは 10 cm で，長さのちがいは４cm です。長いテープの長さは何 cm ですか。

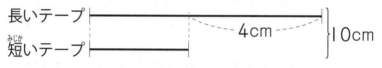

短いテープに４cm たすと長いテープと同じ長さになります。

長いテープ２本分の長さは，　10＋4＝ ①⬚ 　（cm）

長いテープの長さは，　①⬚ ÷2＝ ②⬚ 　（cm）

（答え）③⬚

ポイント 短いテープに４cm をたして，長いテープの長さにそろえます。

---

1 直径の長さがちがう大小２つの円があります。２つの円の直径をあわせた長さは９cm で，大きい円の直径は小さい円の直径より３cm 長いです。大きい円の直径は何 cm ですか。

大 ┃————————･･3cm･･┃9cm
小 ┃————————┃

（式） ①⬚ ＋3＝ ②⬚

②⬚ ÷2＝ ③⬚

（答え）④⬚

2️⃣ ゆうきさんとそうたさんはあわせて
34 まいのカードを持っています。
ゆうきさんはそうたさんよりも 18
まい多く持っています。そうたさん
が持っているカードは何まいですか。
（式）

ゆうき ┣━━━━┫18まい┃34まい
そうた ┣━━━━┫

そうたさんのまい数に
そろえよう。

（答え）

3️⃣ 男子と女子があわせて 28 人います。男子は女子より 12 人少ない人数
です。女子は何人いますか。
（式）

（答え）

4️⃣ たての長さと横の長さをあわせると 12 m の長方形の土地があります。
この長方形の土地の横の長さはたての長さよりも 4 m 長くなっていま
す。この土地のたての長さは何 m ですか。
（式）

（答え）

5️⃣ 2 L のジュースを大小 2 つのコップがちょうどいっぱいになるように分
けます。小さいコップには大きいコップよりも 6 dL 少ないかさしか入
りません。小さいコップには何 dL 入りますか。
（式）

（答え）

① 校庭で何人かが遊んでいます。そのうち 16 人が教室へもどりました。その後, 9 人が教室へもどったので, 遊んでいる人は 39 人になりました。はじめに校庭で遊んでいたのは何人ですか。(12点)

(式)

(答え)

② 72 L 入る水そうを, バケツで水を運んでいっぱいにします。9 回運んだら水そうがちょうどいっぱいになりました。バケツに入る水は何 L ですか。(12点)

(式)

(答え)

③ 赤いリボンと青いリボンがあります。2 つのリボンの長さをあわせると 1 m 25 cm あります。赤いリボンは青いリボンよりも 1 m 5 cm 短くなっています。赤いリボンの長さは何 cm ですか。(12点)

(式)

(答え)

④ おはじきが何こかあります。これを 3 つの箱に分けて入れていくと, どの箱も 118 こずつになりました。おはじきは全部で何こありましたか。(12点)

(式)

(答え)

⑤ ようかんがあります。これを 2 cm 5 mm ずつ切ると，ちょうど6こできました。はじめのようかんの長さは何 cm でしたか。(12点)
（式）

（答え）

⑥ 同じ大きさのボールを横の長さが 48 cm の箱に入れていきます。6こ入れたとき，ちょうどぴったりと1列に入りました。ボールの半径は何 cm ですか。(12点)
（式）

（答え）

⑦ ひろとさんはお父さんよりも 27 才わかいです。また，ひろとさんとお父さんの年れいを合わせると 45 才になります。ひろとさんは何才ですか。(14点)
（式）

（答え）

⑧ チョコレートとあめを買いに行きました。チョコレートは 60 円，あめは 30 円でした。ガムもほしくなって買ったところ，全部で 180 円になりました。ガムは何円でしたか。(14点)
（式）

（答え）

26日 いろいろな問題 (1)

公園で，男の子が18人，女の子が13人遊んでいます。そのうち，何人か帰ったので，のこったのは16人になりました。帰ったのは何人ですか。

わかりやすいように，図をかいて考えます。

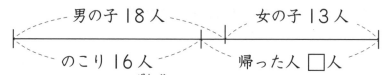

はじめに公園で遊んでいた全部の人数は，

$18 +$ ①[　　] $=$ ②[　　] （人）

図から，（帰った人数）＝（全部の人数）－（のこりの人数）

②[　　] $- 16 =$ ③[　　] （人）　　　　（答え）④[　　　　]

 ポイント 図にかくと，帰った人は，はじめに遊んでいた人数からのこりの人数をひいた人数になっていることがわかります。

1 バスにおとな21人と子ども12人が乗っています。バスていで何人かがおりたので，乗っている人は24人になりました。バスていでおりた人は何人ですか。

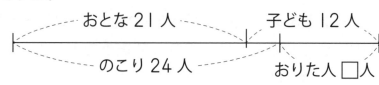

（式）

（答え）[　　　　]

2 おさむさんはカードを 145 まい持っています。けんじさんから 26 まいもらい，その後，あきらさんに何まいかあげたので，138 まいになりました。あきらさんに何まいあげましたか。

（式）

（答え）

3 ひろしさんは切手を 465 まい持っています。そのうち，花の切手が 238 まい，動物の切手が 195 まい，のこりは人の切手です。人の切手は何まいですか。

（式）

（答え）

4 水族館の入場者数は，金曜日は 389 人で，土曜日は 678 人でした。日曜日の入場者数は土曜日より 405 人多かったそうです。金曜日から日曜日までの 3 日間の入場者数は全部で何人ですか。

（式）

（答え）

5 電車に 1125 人が乗っています。ある駅で，246 人がおりて 138 人が乗ってきました。そのつぎの駅では，64 人がおりました。乗っている人は全部で何人になりましたか。

（式）

（答え）

27日 いろいろな問題 (2)

あめが何こかあります。6こずつ9人にあげたら，のこりが27こになりました。あめは全部で何こありましたか。

(あめ全部のこ数)＝(あげたあめのこ数)＋(のこりのあめのこ数)

になります。1人に6こずつ，9人にあげたから，

あげたあめのこ数は，① [　　　] ×9＝② [　　　] （こ）

はじめにあったあめ全部のこ数は，

② [　　　] ＋27＝③ [　　　] （こ）

（答え）④ [　　　　　　　]

ポイント　かけ算とたし算を使う問題です。わからないりょうをもとめるのに，どちらを使えばいいかを考えます。

---

1 ゆりさんは，1こ28円のみかんを6こと，1こ125円のりんごを6こ買いました。全部でいくらになりますか。

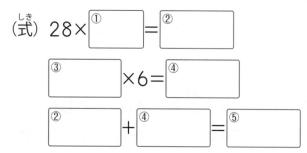

（式）28×① [　　　] ＝② [　　　]

③ [　　　] ×6＝④ [　　　]

② [　　　] ＋④ [　　　] ＝⑤ [　　　]

（答え）⑥ [　　　　　　　]

2 みかんが 54 こあります。何人かの子どもに，１人６こずつ配ったら，１こももらっていない子どもが４人いました。子どもは全部で何人いますか。

（式）

> 配った人数を
> もとめるのは
> わり算だよ。

（答え）␣␣␣␣␣␣␣␣␣␣

3 おり紙が 35 まいあります。先生からさらに 13 まいもらって，全部のおり紙を８人で同じ数ずつ分けました。おり紙は１人何まいになりましたか。

（式）

（答え）␣␣␣␣␣␣␣␣␣␣

4 はるきさんは，たけるさんの３倍より７まい多くカードを持っています。たけるさんが持っているカードは 35 まいです。はるきさんは何まいのカードを持っていますか。

（式）

（答え）␣␣␣␣␣␣␣␣␣␣

5 はるなさんは，１こ 25 円のあめを６ことチョコレートを１こ買いました。チョコレート１このねだんはあめ１このねだんの３倍でした。全部でいくらになりますか。

（式）

（答え）␣␣␣␣␣␣␣␣␣␣

4こで28円のあめと，6こで54円のガムがあります。あめとガムの1このねだんのちがいは何円ですか。

あめとガムそれぞれの1このねだんをもとめます。

あめ1このねだんは，① ［　］÷4＝② ［　］（円）

ガム1このねだんは，54÷③ ［　］＝④ ［　］（円）

ちがいは，④ ［　］－② ［　］＝⑤ ［　］（円）

（答え）⑥ ［　］

ポイント わり算とひき算を使います。
（1このねだん）＝（全部のねだん）÷（こ数）になります。

1 46このあめを，今日までに18こ食べました。のこりのあめを毎日4こずつ食べていくと，あと何日であめはなくなりますか。

（式）46－18＝① ［　］

① ［　］÷② ［　］＝③ ［　］

今日であめは何こになったのかな。

（答え）④ ［　］

2 右の図のように，●と○がならんでいます。
○は●より何こ多いですか。

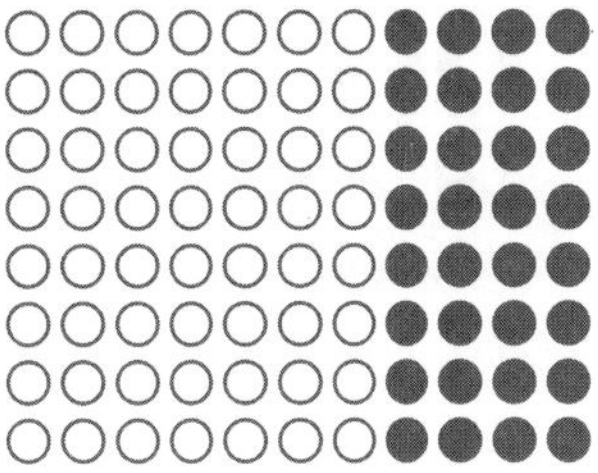

(式)

(答え) _____

3 みかさんはあめを 72 円分，りえさんは 48 円分買いました。あめ 1 こ
のねだんは 8 円でした。みかさんが買ったあめのこ数はりえさんより何
こ多いですか。

(式)

(答え) _____

4 かごが 16 こあります。みかん 63 こを，1 つのかごに 7 こずつ入れて
いきました。からのかごが何このこりますか。

(式)

(答え) _____

5 赤，青，緑(みどり)の 3 つのテープがあります。青のテープは赤のテープの 2 倍(ばい)
の長さです。緑のテープは青のテープの 3 倍の長さで，18 m です。青
のテープは赤のテープより何 m 長いですか。

(式)

(答え) _____

29日 いろいろな問題 （4）

公園で，36人の子どもが遊んでいます。そのうち，女の子が6人と男の子が9人家に帰りました。のこった子どものうち，男の子は12人でした。はじめに遊んでいた女の子は何人ですか。

男の子は，帰ったのが9人で，のこっているのが12人です。はじめに遊んでいた男の子の人数は，

①□ ＋12＝②□ （人）

はじめに遊んでいた女の子の人数は，

③□ －②□ ＝④□ （人）

（答え）⑤□

ポイント 問題が少しふくざつになっています。よく読んで，人数がどのようにかわったか整理しましょう。

1 2時間前，ちゅう車場に車が435台とまっていました。さいしょの1時間では，85台が出ていき，42台が入ってきました。つぎの1時間では，168台が出ていき，28台が入ってきました。いま，とまっている車は何台ですか。

（式） 85＋168＝①□

42＋②□ ＝③□

435－①□ ＋③□ ＝④□

（答え）⑤□

2 ゆりさんはチョコレートを１ことと，１こ 250 円のケーキを３こ，１こ 15 円のあめを８こ買いました。チョコレート１このねだんは，あめ１このねだんの６倍でした。代金は全部でいくらになりますか。

（式）

（答え）

3 みかんが 34 こあります。これを１人に４こずつ分けようとすると 14 こたりないことがわかりました。何人に分けようとしましたか。

（式）

全部で何こいるのかな。

（答え）

4 １本 105 円のボールペンを３本と，１さつ 115 円のノートを５さつ買って，1000 円出しました。おつりはいくらですか。

（式）

（答え）

5 ひろとさんは 680 円持っています。おかしを４こと，240 円の本を１さつ買ったら，のこりが 356 円になりました。おかし１このねだんはいくらですか。

（式）

（答え）

まとめテスト (6)

➡答えは78ページ

月　日

時間 30分
【はやい25分・おそい35分】

得点

合格 70点

点

① りえさんは，あめを 45 こ持っています。妹に何こかあげた後，お母さんから 15 こもらったので，32 こになりました。妹に何こあげましたか。(12点)
(式)

(答え) ▢

② ある行事にさんかする人のために，4 人ずつすわれるいすを 85 きゃくと，6 人ずつすわれるいすを 64 きゃくならべました。全部で何人すわることができますか。(12点)
(式)

(答え) ▢

③ みかんを 4 こと，1 こ 125 円のりんごを 9 こ買ったら，全部で 1213 円でした。みかん 1 こはいくらですか。(14点)
(式)

(答え) ▢

④ 12 人の子どもがいます。みかんを 1 人に 8 こずつ配ったら，28 このこりました。みかんは全部で何こありましたか。(12点)
(式)

(答え) ▢

⑤ １まい３円の色紙を，りかさんは 96 円分，ゆみさんは 69 円分買いました。２人が買った色紙は全部で何まいですか。(12点)

（式）

(答え)

⑥ ９まい入りで 99 円のおり紙と，３まい入りで 69 円のシールがあります。おり紙とシールの１まいのねだんのちがいはいくらですか。(12点)

（式）

(答え)

⑦ 皿が 32 まいあります。120 このみかんを，１つの皿に３こずつのせていきました。のこったみかんは何こですか。(12点)

（式）

(答え)

⑧ 赤，白の２つのリボンがあります。赤のリボンの長さは１m 15 cm で，白のリボンの長さは赤のリボンの３倍より 75 cm 短いです。白のリボンの長さは何 m 何 cm ですか。(14点)

（式）

(答え)

進級テスト

1 はるとさんの町にある小学校には，男子が1248人，女子が1563人います。男子と女子のちがいは何人ですか。(8点)
（式）

（答え）

2 りかさんは，35分間算数の勉強をしました。勉強が終わったときの時こくは午後4時25分でした。りかさんが勉強を始めた時こくは午後何時何分ですか。(8点)

3 けんじさんのクラスは30人です。5人ずつのグループに分けると，いくつのグループに分けることができますか。(8点)
（式）

（答え）

4 ゆかさんは店で買い物をしました。640円の本と，1本75円のえん筆を5本買ったので，のこりのお金が85円になりました。ゆかさんがはじめに持っていたお金はいくらですか。(8点)
（式）

（答え）

5 けんじさんの家から学校までの道のりは 670 m，学校から公園までの道のりは 1 km 600 m です。けんじさんの家から学校を通って，公園まで行くときの道のりは何 km 何 m ですか。(8点)

(式)

(答え)

6 右の図で，小さい円の半径は 12 cm です。大きい円の直径は何 cm ですか。(8点)

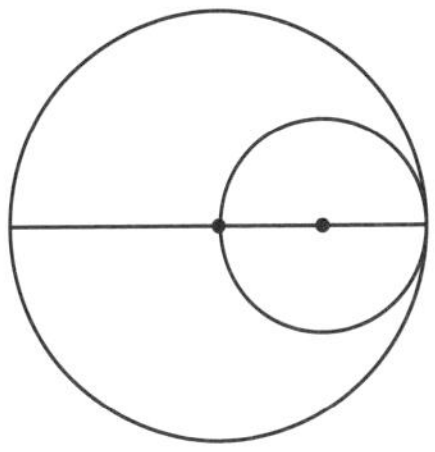

(式)

(答え)

7 48 このあめを 4 人で分けると，1 人分は何こになりますか。(8点)

(式)

(答え)

8 ゆうきさんはおこづかいをいくらか持っています。お父さんから 800 円もらったので，持っていたおこづかいとあわせたお金のうち，1500 円をちょ金したところ，のこりのおこづかいが 960 円になりました。ゆうきさんがはじめに持っていたおこづかいはいくらですか。(10点)

(式)

(答え)

9 １円玉が何まいか入ったちょ金箱の重さをはかったら１kg80 gありました。１円玉１まいの重さは１gで，ちょ金箱だけの重さは760gです。ちょ金箱に入っている１円玉は何まいですか。(8点)

（式）

（答え）

10 右の図のように，同じ大きさの球が，箱の中にぴったりと入っています。この球の半径は何cmですか。(8点)

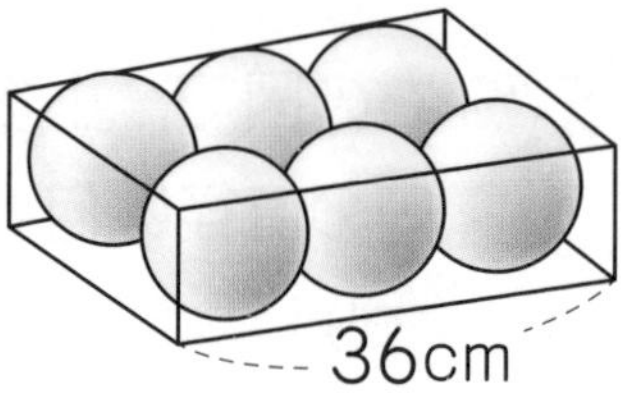

（式）

36cm

（答え）

11 ひかるさんは，850円のおべんとうと，95円のお茶をそれぞれ５人分買いました。いくらかおまけしてくれたので，代金は4700円でした。おまけしてくれたのは何円ですか。(10点)

（式）

（答え）

12 はやとさんは，午前９時40分に家を出て野球の練習に行きました。練習が終わって家に帰ってきたのは，午後３時15分でした。家を出てから帰ってくるまでの時間は，何時間何分ですか。(8点)

●1日 2〜3ページ

①12 ②4 ③4本

1 ①2 ②3 ③3こ

2 (式) 20÷5=4 　　　　　　　(答え) 4さつ

3 (式) 48÷6=8 　　　　　　　(答え) 8まい

4 (式) 32÷8=4 　　　　　　　(答え) 4人

5 (式) 45÷9=5 　　　　　　　(答え) 5ページ

とき方

1 1人分のこ数をもとめるので，全部のこ数6こを分ける人数2人でわるわり算になります。

2 1人分の数をもとめるので，全部の数20さつを分ける人数5人でわるわり算になります。

3 48まいの色紙を6人で分けます。1人分のまい数をもとめるので，全部の数48まいを分ける人数6人でわるわり算になります。

> **チェックポイント** 1人分のこ数やまい数をもとめるときは，わり算を使ってもとめます。1つ分の数をもとめる式は，
> (1つ分の数)=(全部の数)÷(分ける数)
> になります。

4 32人の子どもを8つの組に分けます。1つの組の人数をもとめるので，全部の数32人を分ける組の数8でわるわり算になります。

5 毎日同じページずつ9日に分けます。1日に読んだページをもとめるので，全部の数45ページを分ける数9でわるわり算になります。

> **チェックポイント** 1つ分のこ数やまい数をもとめるときは，わり算で計算しますが，答えを出すためにはかけ算を使います。
> たとえば，10÷5のわり算は，5×2=10というかけ算から答えの2をもとめることができます。わり算を計算するためには，九九をしっかりと覚えておくことが大事です。

●2日 4〜5ページ

①15 ②3 ③3人

1 ①4 ②4 ③4人

2 (式) 21÷3=7 　　　　　　　(答え) 7人

3 (式) 54÷6=9 　　　　　　　(答え) 9パック

4 (式) 32÷4=8 　　　　　　　(答え) 8つ

5 (式) 20÷4=5 　　　　　　　(答え) 5日目

とき方

1 4×(人数)=16 だから，分けられる人数は，16÷4 でもとめます。

2 3×(人数)=21 だから，分けられた人数は，21÷3 でもとめます。

3 6×(パックの数)=54 だから，パックの数は，54÷6 でもとめます。

> **チェックポイント** いくつに分けられるかをもとめるときは，わり算を使います。分ける数をもとめる式は，
> (分ける数)=(全部の数)÷(1つ分の数)
> になります。

4 32人を4人ずつ，いくつに分けられるかをもとめます。全部の数32人を1つのはんの人数4人でわるわり算になります。

5 1L=10dL だから，2L=20dL です。20dL を4dL ずつ分けることになります。(分ける数)=20÷4 のわり算になります。

> **チェックポイント** 2Lと4dLはたんいがちがうので，そのまま2÷4というわり算はできません。たんいをそろえてから計算します。

●3日 6〜7ページ

①35 ②7 ③7倍

1 ①4 ②8 ③8倍

2 (式) 36÷6=6 　　　　　　　(答え) 6倍

3 (式) 24÷8=3 　　　　　　　(答え) 3倍

4 (式) 56÷7=8 　　　　　　　(答え) 8倍

5 (式) 24÷6=4 　　　　　　　(答え) 4倍

1 32は4の何倍かをもとめます。32は4のいくつ分かをもとめることと同じなので、式は32÷4になります。

2 36は6の何倍かをもとめます。36は6のいくつ分かをもとめることと同じなので、式は36÷6になります。

チェックポイント 何倍になっているかをもとめるときは、わり算を使います。○は□の何倍かをもとめるときは、○÷□ でもとめます。

3 くらべるのは、24ことと8こです。24こは8この何倍かをもとめます。全部の数32こはここでは使いません。

4 くらべるのは、56まいと7まいです。56まいは7まいの何倍かをもとめるので、式は56÷7になります。

5 24分と6分をくらべます。24分は6分の何倍かをもとめるので、24÷6になります。

チェックポイント 何倍かをもとめるときは、どちらがどちらの何倍なのかをまちがえないようにしましょう。

● 4日 8〜9ページ
①45 ②5 ③9 ④11 ⑤11箱
1 ①2 ②6 ③5 ④11 ⑤11まい
2 (式) 54÷6=9 15−9=6
(答え) 6きゃく
3 (式) 72÷8=9 9+1=10 (答え) 10人
4 (式) 200−120=80 80÷8=10
(答え) 10円
5 (式) 41−5=36 36÷9=4 (答え) 4倍

とき方

1 まず、ケーキをのせた皿の数をもとめます。いくつ分かをもとめるので、12÷2=6（まい）6まいにのせて、まだ5まいのこっているので、5まいをくわえます。

チェックポイント 2つの式を使って答えをもとめます。はじめに、全部の数、1つ分の数、分ける数をしっかりつかみましょう。

2 まず、子どもがすわった長いすの数をもとめます。54人の子どもが6人ずつすわったので、54÷6=9（きゃく） 長いすは全部で15きゃくなので、15から子どものすわった長いすの数をひきます。

3 まず、何人の子どもに配ったかをもとめます。72こを8こずつ分けていったので、配った子どもの人数は、72÷8=9（人）です。子どもみんなの人数は、配れなかった子ども1人をくわえてもとめます。

4 あめ8こ分の代金は、チョコレートの120円をひいたのこりで、200−120=80（円）これがあめ8こ分の代金になるので、あめ1このねだんは、80÷8=10（円）

5 答えは、（母の年れい）÷（ゆうきさんの年れい）でもとめます。母の年れいがわかっていないので、まず、母の年れいをもとめます。母は父より5才年下なので、41−5=36（才）です。

● 5日 10〜11ページ
① (式) 12÷3=4 (答え) 4倍
② (式) 16÷8=2 (答え) 2こ
③ (式) 72÷8=9 (答え) 9こ
④ (式) 24÷4=6 10−6=4 (答え) 4まい
⑤ (式) 24÷8=3 (答え) 3倍
⑥ (式) 48÷6=8 (答え) 8mm
⑦ (式) 28÷4=7 (答え) 7本
⑧ (式) 52+12=64 64÷8=8
(答え) 8ふくろ

とき方

① 何倍かをもとめるときは、わり算を使います。どちらがどちらの何倍なのかをかくにんしましょう。「弟は兄の何倍？」は、（弟の日数）÷（兄の日数）でもとめます。

② 1まい分のケーキのこ数をもとめます。式は、（全部の数）÷（分ける数）になります。全部の数は16こ、分ける数は8まいです。

③ 買えるあめがいくつ分かをもとめます。式は、（全部の数）÷（1つ分の数）になります。全部の数は72円、1つ分の数は8円です。

④ まず、みかんをのせた皿の数をもとめます。いくつ分かをもとめるので、式は 24÷4 になります。

｜こもみかんがのっていない皿の数は，｜０ま いからみかんののった皿の数をひきます。

⑤ ❶と同じように何倍かをもとめます。 「そうたは弟の何倍？」は，（そうたのとく点）÷ （弟のとく点）でもとめます。

⑥ 全体の数は４cm８mm，分ける数は６さつで す。４cm８mmを48mmになおして計算し ましょう。

⑦ ❸と同じように，全部の数を１つ分の数でわる わり算になります。全部で２L８dL，１つ分 は４dLです。２L８dLを28dLになお して計算しましょう。

⑧ あめ全部の数がわからないので，まずそれをも とめます。52こに12こをたしたので，全部 の数は 52＋12＝64（こ）になります。64 こを８こずつ分けていくことになります。

<チェックポイント> 答えをもとめるために，２つ の式を使わなければならないときは，問題をよ く読んで，答えを出すためには何の数がいるの かをよく考えましょう。

● ６日 12～13 ページ
①20 ②5 ③25 ④25分
1 40分
2 35分
3 40分
4 １時間 55分
5 １時間 6分

| とき方 |

1 ２時45分から３時までと，３時から３時25 分までに分けます。２時45分から３時までは 15分，３時から３時25分までは25分だか ら，本を読んでいた時間は，
15＋25＝40（分）

<チェックポイント> ２時何分から３時何分にま たがる時間や，午前から午後にまたがる時間を もとめるときには，数直線を使うとわかりやす いでしょう。数直線を使わずに，
３時25分＝２時85分 85－45＝40（分）
と考えることもできます。

2 ３時35分から４時までと，４時から４時10 分までに分けます。３時35分から４時までは 25分なので，25＋10＝35（分）

3 勉強が終わった時こくは４時50分になります。 ４時50分から５時までは10分なので， 10＋30＝40（分）

4 １時15分から２時までは45分。 ２時から３時までは１時間。 ３時から３時10分までは10分なので， 45分＋１時間＋10分＝１時間55分

5 10時18分から11時までは42分，11時 から11時24分までは24分です。 電車に乗っていた時間は 42＋24＝66（分） １時間＝60分 なので，66分＝１時間6分 または，10時18分から１時間たつと11時 18分。そこから11時24分までは6分なの で，あわせて１時間6分としてもよいでしょう。

● ７日 14～15 ページ
①10 ②15 ③8
1 午後４時25分
2 午後６時35分
3 ９時15分
4 10時25分
5 ７時25分

| とき方 |

1 ３時45分から４時までと，４時からデパート に着くまでの時間に分けます。３時45分から ４時までは15分なので，４時の 40－15＝25（分）後になります。

2 ７時から７時15分までは15分なので，７時の 40－15＝25（分）前になります。

<チェックポイント> ある時こくより前の時こくを もとめるときも，ある時こくより後の時こくを もとめるときと同じように，数直線を使って， ２つに分けて考えるともとめやすいでしょう。

3 10時30分の１時間15分前に家を出ればよ いことになります。１時間15分＝75分 で す。10時から10時30分までは30分なの で，10時の 75－30＝45（分）前になります。 または，10時30分の１時間前は９時30分。

その15分前で，9時15分 としてもよいでしょう。

4 後半が始まるのは，9時30分の
45+10=55（分）後です。9時30分から
10時までは30分なので，10時の
55−30=25（分）後になります。

5 家を出てから学校に着くまでにかかった時間が
10+5+25=40（分）なので，家を出た時こくは8時5分の40分前になります。8時から
8時5分までは5分なので，8時の
40−5=35（分）前になります。

● 8日 16〜17ページ
①1　②40　③4　④50
1 午後3時40分
2 午前10時55分
3 午後2時10分
4 午後2時5分
5 午前11時5分

| とき方 |

1 午前9時から12時までと，12時から後に分けて考えます。午前9時から12時までは3時間だから，12時から後の時間は，
6時間40分−3時間=3時間40分 です。
12時の3時間40分後は午後3時40分です。

チェックポイント 時間が午前から午後にまたがるときは，正午（12時）の前と後に分けて考えるとわかりやすくなります。

2 12時までと，12時から後に分けて考えます。
12時から午後2時10分までは2時間10分なので，12時より前の時間は，
3時間15分−2時間10分=1時間5分
12時の1時間5分前は午前10時55分になります。

3 午前9時20分から12時までは2時間40分です。12時から後の時間は，
4時間50分−2時間40分=2時間10分になるので，家に帰った時こくは，12時から2時間10分たった，午後2時10分になります。

4 10時から12時までは2時間なので，12時

から帰るまでの時間は，
3時間45分−2時間=1時間45分 です。
ゆかさんの家を出たのは午後1時45分で，それから家までは20分かかります。1時45分から2時までは15分なので，家に着いた時こくは，午後2時の 20−15=5（分）後になります。

5 10分+1時間45分+20分=1時間75分=
2時間15分
12時より前の時間は，
2時間15分−1時間20分=55分
12時の55分前は午前11時5分です。

● 9日 18〜19ページ
①85　②25　③1
1 15秒
2 1分2秒
3 57秒
4 12分10秒
5 14秒

| とき方 |

1 1分=60秒 だから，1分10秒は
60+10=70（秒）です。時間のちがいはひき算でもとめます。70−55=15（秒）

チェックポイント 時間，分のほかに短い時間のたんいとして，「秒」があります。「秒」の計算は，時間や分と同じように考えます。

2 28秒と34秒をあわせた時間になります。
28+34=62（秒）で，60秒=1分 だから，
62秒=60秒+2秒=1分2秒 になります。

3 たけるさんははやとさんより9秒短い時間になるので，1分6秒−9秒 をもとめます。
1分6秒=66秒 だから，66−9=57（秒）になります。

チェックポイント たんいがちがうひき算やたし算のときは，たんいをそろえて計算しましょう。

4 7分45秒と4分25秒をあわせた時間になります。7分45秒+4分25秒=11分70秒
=11分+60秒+10秒=12分10秒

5 1分5秒=65秒 だから，りかさんは，65−7

=58（秒）で泳ぎました。

いちばん速い人はりかさん，おそい人はゆかりさんで，ちがいは，72−58＝14（秒）

● **10日 20〜21 ページ**

① 午後3時10分

② 1分23秒

③ 午後2時57分

④ 1時間45分

⑤ 午前11時10分

⑥ 2分35秒

⑦ 20分

⑧ 6時間20分

とき方

① 家を出てから公園に着くまでにかかった時間は，15＋25＝40（分）です。午後2時30分の40分後は午後3時10分です。

② 35秒＋48秒＝83秒＝1分23秒

③ 午後3時15分の18分前になります。3時から3時15分までは15分なので，3時の18−15＝3（分）前になります。

④ 2時間30分＝60分＋60分＋30分＝150分なので，ちがいは，150−45＝105（分）105分＝60分＋45分＝1時間45分 です。

⑤ 8時45分の2時間後は10時45分です。10時45分から11時までは15分だから，11時の 25−15＝10（分）後です。

⑥ 2分15秒から4分50秒までの時間が2しゅう目にかかった時間です。4分50秒−2分15秒＝2分35秒

⑦ 1時間5分＝60分＋5分＝65分 です。65−45＝20（分）

⑧ 午前9時15分から12時までは2時間45分です。12時から帰ってくるまでは3時間35分なので，あわせると，2時間45分＋3時間35分＝5時間80分＝6時間20分

● **11日 22〜23 ページ**

①4 ②2 ③1243円

① ①6 ②1 ③2 ④216まい

② （式）585＋346＝931 　（答え）931円

③ （式）621−258＝363 　（答え）363円

④ （式）347＋376＝723 　（答え）723人

⑤ （式）705−216＝489 　（答え）489人

とき方

① まい数のちがいをもとめるのでひき算になります。多いほうの数から少ないほうの数をひきます。十の位がくり下がります。

チェックポイント 3けたの数どうしのひき算です。筆算は，位をそろえて書き，一の位からじゅんに計算します。くり下がりに気をつけましょう。

② おこづかいをあわせたお金をもとめるので，たし算になります。

③ 買い物の代金は，持っていたお金からのこったお金をひいたものになります。

④ 男子と女子をあわせた人数をもとめるので，たし算になります。筆算は右のようになります。

$$\begin{array}{r} \overset{1}{3}\overset{1}{4}7 \\ +376 \\ \hline 723 \end{array}$$

チェックポイント 十の位と百の位がくり上がります。くり上がりに注意して計算しましょう。

⑤ 216人がおりたので，ひき算でもとめます。くり下がりに注意しましょう。筆算は右のようになります。

$$\begin{array}{r} \overset{6}{7}\overset{9}{0}5 \\ -216 \\ \hline 489 \end{array}$$

● **12日 24〜25 ページ**

①3 ②9 ③6 ④2 ⑤2693人

① ①5 ②1 ③3 ④3150円

② （式）1294−1123＝171 　（答え）171人

③ （式）1206＋2365＝3571

（答え）3571本

④ （式）1240＋3500＝4740

（答え）4740円

⑤ （式）5761−2546＝3215

（答え）3215人

とき方

① （服のねだん）＋1350＝4500（円）になるので，服のねだんをもとめる式は，4500−1350 になります。くり下がりに気をつけましょう。

② 人数のちがいをもとめるのでひき算になります。

4けたどうしのひき算になります。3けたのときと同じように，位をそろえて筆算で計算します。

③ 2つの色の花をあわせた数をもとめるので，たし算になります。筆算は右のようになります。

$$\begin{array}{r} 1206 \\ +2365 \\ \hline 3571 \end{array}$$

④ 本とゲームをあわせたお金がいるので，たし算でもとめます。筆算は右のようになります。

$$\begin{array}{r} 1240 \\ +3500 \\ \hline 4740 \end{array}$$

⑤ 2日目に来た人数は，2日間で来た全部の人数から1日目に来た人数をひいた人数です。筆算は右のようになります。

$$\begin{array}{r} 57\overset{5}{6}1 \\ -2546 \\ \hline 3215 \end{array}$$

● 13日 26〜27ページ

①18 ②1 ③8 ④8 ⑤1 ⑥0 ⑦108円

① ①12 ②1 ③2 ④0 ⑤6 ⑥60本

② (式) 6×15=90　　　　(答え) 90人

③ (式) 24×4=96　　　　(答え) 96 cm

④ (式) 64×9=576　　　　(答え) 576まい

⑤ (式) 15×7=105　　　　(答え) 105 ページ

と き 方

① 1ダースは12本です。1つあたりの数が12本で，その5つ分をもとめるので，12×5 になります。

② 1きゃくあたりの人数が6人，それが15きゃく分なので，全部の人数は，6×15 でもとめられます。

かけ算は，2つの数をいれかえても同じなので，6×15=15×6 です。筆算をするときは，15×6 で計算します。

③ 1本あたりの長さは24 cmで，4人に配ったので，24 cmが4本あることになります。全部の数は，もとのリボンの長さになります。もとのリボンの長さは，24×4 でもとめます。

④ 画用紙1まいからできるカード64まいが1つあたりの数になります。画用紙が9まいあるので，カード全部の数は，64×9 でもとめられます。

⑤ 1週間は7です。1日に読む15ページが1

つあたりの数になります。それが7日分あるので，1週間で読む全部のページは，15×7 でもとめられます。

かけ算をするときは，かけられる数とかける数が何かをしっかり考えましょう。この問題のように，問題の中に出てくる数字がそのまま使えないときもあります。1つあたりの数が何か，それがいくつ分あるのかをしっかりと考えましょう。また，筆算では，くり上がりに気をつけて，計算まちがいをしないようにしましょう。

● 14日 28〜29ページ

①115 ②7 ③5 ④0 ⑤8 ⑥805円

① ①350 ②2100 ③2100円

② (式) 125×7=875　　　　(答え) 875まい

③ (式) 12×3×6=216　　　　(答え) 216こ

④ (式) 16×2×3=96　　　　(答え) 96こ

⑤ (式) 15×7×3=315　　　　(答え) 315題

と き 方

① 1人の入園りょう 350円が1つあたりの数になります。6人が入園するので，
(全部の数)＝(1つあたりの数)×(いくつ分)
から，350×6 になります。

② 1ふくろの色紙のまい数が125まいで，それが7つあります。
(全部の数)＝(1つあたりの数)×(いくつ分)
なので，125×7 になります。

③ 1人がもらうあめは，12×3=36（こ）になります。6人に配ったので，あめ全部の数は，36×6=216（こ）になります。
12×3=36，36×6=216 の2つの式を，12×3×6=216 という1つの式で表します。

12×3×6 を計算するとき，どの2つを先に計算しても答えは同じになります。
(れい) 12×6=72　72×3=216

④ めぐみさんが持っているおはじきは，ゆりさんの2倍だから，16×2（こ）になります。りかさんが持っているおはじきは，めぐみさんの3

倍だから，（16×2）×3（こ）になります。

5 1週間は7日だから，1週間にとく問題は，
15×7＝105（題）です。これを3週間するので，105×3＝315（題）になります。
これを1つの式で表すと，
15×7×3＝315（題）になります。

> ◆チェックポイント▶ 1つあたりの数は15，いくつ分を 1週間＝7日 として考えます。そして，1週間にとく問題の数の3つ分と考えます。

● **15日 30〜31 ページ**

❶ （式）320×8＝2560　　　（答え）2560円
❷ （式）643＋389＝1032　　（答え）1032円
❸ （式）3×576＝1728　　　（答え）1728本
❹ （式）3652−1125＝2527
　　　　　　　　　　　　　（答え）2527人
❺ （式）43×4×3＝516　　　（答え）516円
❻ （式）253−113＝140
　　　　　　　　　　　　（答え）140ページ
❼ （式）3540−1147＝2393
　　　　　　　　　　　　（答え）2393本
❽ （式）65×6×8＝3120　　（答え）3120円

| とき方 |

❶ 1人分のバス代 320円が1つあたりの数になります。8人が乗るので，
（全部の数）＝（1つあたりの数）×（いくつ分）
から，320×8 のかけ算になります。
❷ （持っていたお金）＝（使ったお金）＋（のこりのお金）になります。
❸ 1つあたりの数が3本で，576人に配るので，用意するえん筆は 3×576 でもとめられます。筆算をするときは，576×3 で計算します。
❹ （おとなの人数）＋（子どもの人数）＝（全部の人数）なので，（子どもの人数）＝（全部の人数）−（おとなの人数）になります。
❺ 4mのリボン3つ分の長さをもとめる式は，4×3 になります。1mが43円だから，全部の代金は，43×（4×3）になります。

> ◆チェックポイント▶ 43×（4×3）＝（43×4）×3 になるので，43×4 から計算します。

❻ のこりが何ページあるかをもとめます。
（のこりのページ）＝（全部のページ）
−（読んだページ）になります。
❼ （赤い花の数）＋1147＝（白い花の数）になるので，赤い花の数は，（白い花の数）−1147 でもとめられます。
❽ 1箱のねだんは，65×6（円）になります。これを8箱買うので，全部の代金は，（65×6）×8 でもとめることができます。

● **16日 32〜33 ページ**

①1200　②200　③1

1 （式）1m45cm−65cm＝80cm
　　　　　　　　　　　　　（答え）80cm
2 （式）32cm＋93cm＝1m25cm
　　　　　　　　　　　　（答え）1m25cm
3 （式）2km250m−1km420m＝830m
　　　　　　　　　　　　（答え）830m
4 （式）2km300m−1km50m＝1km250m
　　　　　　　　　　　（答え）1km250m
5 （式）920m＋370m＝1km290m
　　　　1km290m−1km155m＝135m
　（答え）公園を通って行くほうが135m長い。

| とき方 |

1 1m＝100cm なので，1m45cm＝145cm
です。青のテープは赤のテープより短いので，ひき算でもとめます。145−65＝80（cm）
2 たてと横をあわせた長さはたし算でもとめます。
32＋93＝125（cm）
100cm＝1m なので，125cm＝1m25cm
3 2km250m＝2250m，
1km420m＝1420m です。
1420＋（歩いた道のり）＝2250 なので，歩いた道のりは，2250−1420＝830（m）

> ◆チェックポイント▶ 長さのたんいにkmが新しくふえます。1000mを1kmと表します。mをkmに，kmをmになおすことができるようにしましょう。

4 りかさんの家から公園までの道のりは，2km300mから1km50mをひいたのこりになります。

5 家から公園を通って学校へ行く道のりは,
920+370=1290 (m) です。
1 km 155 m=1155 m なので, 家から公園
を通って学校へ行く道のりのほうが長くなって
います。

● **17日** 34～35ページ

①1100　②100　③1

1 (式) 48 kg 600 g−23 kg 900 g
=24 kg 700 g　(答え) 24 kg 700 g

2 (式) 900 kg+600 kg=1 t 500 kg
(答え) 1 t 500 kg

3 (式) 3 kg 800 g+1600 g+650 g=6 kg 50 g
(答え) 6 kg 50 g

4 (式) 900 g+850 g=1750 g
1750 g−120 g=1 kg 630 g
(答え) 1 kg 630 g

5 (式) 2 kg 490 g−1 kg 290 g=1 kg 200 g
1 kg 290 g−1 kg 200 g=90 g
(答え) 90 g

とき方

1 48 kg 600 g=47 kg+1 kg+600 g
=47 kg 1600 g になります。
47 kg 1600 g−23 kg 900 g=24 kg 700 g

チェックポイント 重さのたんいに g と kg が新
しくふえます。1000 g を 1 kg と表します。
g を kg に, kg を g になおすことができるよう
にしましょう。

2 900 kg+600 kg=1500 kg
=1000 kg+500 kg
1000 kg=1 t なので, 1500 kg=1 t 500 kg
になります。

チェックポイント 重さのたんいにさらに t (トン)
が新しくふえます。1000 kg を 1 t と表しま
す。kg を t に, t を kg になおすことができる
ようにしましょう。
1000 g=1 kg, 1000 kg=1 t をしっかり
おぼえましょう。

3 3つの箱の重さをあわせます。たんいを g にそ
ろえると, 3 kg 800 g=3800 g より,

3800+1600+650=6050 (g)
6050 g=6 kg 50 g です。
または, 1600 g=1 kg 600 g より,
3 kg 800 g+1 kg 600 g+650 g
=4 kg 2050 g=6 kg 50 g
としてもよいでしょう。

4 りんごとみかんをあわせた重さからみかん1こ
分の重さ 120 g をひいたものになります。

5 2 kg 490 g と 1 kg 290 g のちがい 1200
g は, ボール 10 こ分の重さになります。1 kg
290 g は, ボール 10 こ分とかごをあわせた
重さになるので, かごだけの重さは, 1 kg
290 g から 1200 g をひいたのこりの重さに
なります。

● **18日** 36～37ページ

①12　②16　③28　④28 cm

1 ㋑

2 ①14　②15　③1　④㋑　⑤1

3 (式) 18÷2=9　(答え) 9 cm

4 (式) 16÷2=8　8÷2=4　(答え) 4 cm

5 (式) 6×2=12　12×4=48
(答え) 48 cm

とき方

1 コンパスを使って㋐の線を3つに, ㋑の線を2
つに分けて写しとります。コンパスは, 円をか
くときだけでなく, 長さを写しとるときにも使
えます。

㋐ ——————|——————|——————|——————

㋑ ————————————————|—————|—————

2 直径は半径の2倍なので, ㋐の直径は,
7×2=14 (cm) になります。

チェックポイント 直径は半径の2つ分なので,
(直径)=(半径)×2, (半径)=(直径)÷2 にな
ります。

3 正方形の中にぴったりと入っているので, 正方
形の1つの辺の長さは円の直径と同じになりま
す。円の直径が 18 cm なので, 半径は,
18÷2 でもとめます。

4 円の直径の2つ分が 16 cm になっているので,
円の直径は, 16÷2=8 (cm) です。また, 半

径は，8÷2 でもとめます。

5 4つの円が長方形の中にぴったりと入っているので，長方形の横の長さは，円の直径4つ分になります。この円の半径は6cmなので，直径は，6×2=12（cm）です。直径の4つ分は12×4 でもとめます。

チェックポイント 円の半径と直径のくべつをしっかりしておきましょう。円のまん中の点を中心，中心から円のまわりまでひいた直線を円の半径といいます。円の中心を通って，円のまわりからまわりまでひいた直線を直径といいます。直径は半径の2倍です。

● 19日 38〜39ページ
①20 ②10 ③5 ④5 cm
1 ①4 ②9 ③5 ④5 cm
2 （式）6×2=12　12×3=36
（答え）36 cm
3 （式）3×2=6　48÷6=8　（答え）8こ
4 （式）4×2=8　32÷8=4　（答え）4こ
5 （式）12÷2=6　6×3=18　（答え）18 cm

とき方

1 球の半径は，円と同じように直径の半分になります。直径が8cmの球の半径は4cm，直径が18cmの球の半径は9cmになります。

2 3つの球を半分に切ったときの切り口は，右の図のようになります。球の直径は，
6×2=12（cm）
箱の横の長さはこれの3つ分で，
12×3=36（cm）になります。

3 球の直径のいくつか分が48cmになっているので，（直径）×（球のこ数）=48cm となります。球の直径は 3×2=6（cm）だから，球のこ数は，48÷6 でももとめられます。

4 球の直径は 4×2=8（cm）です。32cmの中に8cmがいくつ分入るかをもとめればよいので，わり算でもとめます。
（いくつ分）=（全部の数）÷（1つ分の数）です。

5 箱の⑦の長さは，球の直径の3つ分になっています。また，横の長さ12cmは，球の直径2つ分になっています。これから，球の直径は，12÷2=6（cm）とわかります。⑦の長さは6cmの3つ分になります。

チェックポイント 全部の球を半分に切ったときの切り口は，右の図のようになります。箱の横の長さは円の直径の2つ分，⑦の長さは円の直径の3つ分になっていることがわかります。

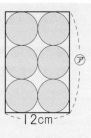

● 20日 40〜41ページ
1 （式）2 km 400 m+600 m=3 km
（答え）3 km
2 （式）3 t 200 kg−2 t 800 kg=400 kg
（答え）400 kg
3 （式）12×5=60　　（答え）60 cm
4 （式）8÷2=4　16÷2=8　4+8=12
（答え）12 cm
5 （式）2 kg 600 g−290 g=2 kg 310 g
（答え）2 kg 310 g
6 （式）460+540=1000　1000−970=30
（答え）道のりが 30 m 長い。
7 （式）45÷5=9　9×3=27　（答え）27 cm
8 （式）10×2=20　6×2=12　20−12=8
（答え）8 cm

とき方

1 2 km 400 m と 600 m をあわせた道のりです。

2 3 t 200 kg=3200 kg，
2 t 800 kg=2800 kg です。

3 ⑦から④までの長さは，円の半径5つ分です。

4 2つの球を半分に切ったときの切り口は，右の図のようになります。⑦と④をむすんだ線の長さは，2つの円の半径をあわせたものです。

5 りんごの重さは，2 kg 600 g からかごの重さ 290 g をひいてもとめます。

⑥ 道のりは，460+540=1000（m）です。家から学校までのきょりは970mで，道のりとのちがいは1000-970=30（m）です。

チェックポイント 道にそってはかった長さを道のり，まっすぐにむすんだ線の長さをはかったものをきょりといいます。

⑦ 箱の横の長さは，球の直径5つ分になっているので，球の直径は，45÷5=9（cm）です。箱のたての長さは，球の直径3つ分になっています。

⑧ ⑦から④までの長さは，右の図の⑦から⑨までの長さ（大きい円の直径）から④から⑨までの長さ（小さい円の直径）をひいた長さになります。

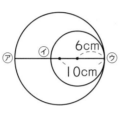

大きい円の直径は 10×2=20（cm），小さい円の直径は 6×2=12（cm）になります。

● 21日 42~43ページ
①27 ②3 ③3 cm
1 ①8 ②4 ③4人
2 （式）24÷6=4　　　　　　（答え）4 cm
3 （式）56÷8=7　　　　　　（答え）7 L
4 （式）72÷9=8　　　　　　（答え）8ページ
5 （式）64÷8=8　　　　　　（答え）8人

とき方
1 1つのグループの人数の8倍がクラスの人数になります。
（1つのグループの人数）×8=32
1つのグループの人数はわり算でもとめます。

2 1さつの本のあつさの6倍が本だなのはばになります。
（1さつの本のあつさ）×6=24 なので，本のあつさは 24÷6=4（cm）です。

3 56 L がバケツに入る水の8倍になっています。図で表すと，次のようになります。

4 1週間は7日なので，1週間と2日で，9日になります。1日に読むページの9倍が72ページになります。図で表すと，次のようになります。

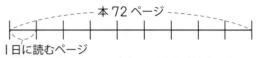

チェックポイント 1週間と2日を，9日になおして計算します。図をかんたんにかくと，次のようになります。

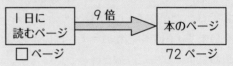

5 （1人が運ぶいすの数）×（人数）＝（全部のいすの数）になります。8×（人数）=64 なので，人数は，64÷8=8（人）になります。

チェックポイント 問題がわかりにくいときは，図をかいて考えてみることも大切です。

● 22日 44~45ページ
①7 ②42 ③42本
1 ①4 ②48 ③48こ
2 （式）6×14=84　　　　　　（答え）84 cm
3 （式）8×16=128　128dL=12 L 8dL
　　　　　　　　　　　　（答え）12 L 8 dL
4 （式）4×28=112　112 cm=1 m 12 cm
　　　　　　　　　　　　（答え）1 m 12 cm
5 （式）55×7=385　　　　　　（答え）385 m

とき方
1 りんごが4こ入った箱が12箱あるので，りんごのこ数は4の12倍になります。

チェックポイント 1つ分の数が全部で○だけあるとき，全部の数は，1つ分の○倍になります。
1箱4この12箱分→4の12倍→4×12のかけ算になります。筆算をするときは，12×4で計算します。

2 6 cmのひもが14本できたので，切る前の長さは6cmの14倍です。
筆算をするときは，14×6 で計算します。

3 １つのコップ８ｄＬが１６こ分あるということです。８ｄＬの１６こ分 → ８の１６倍 → ８×１６のかけ算になります。筆算をするときは、１６×８で計算します。１０ｄＬ＝１Ｌなので、１２０ｄＬ＝１２Ｌです。

4 １さつのあつさ４cmが２８さつ分あるので、４の２８倍→４×２８のかけ算になります。筆算をするときは、２８×４で計算します。

5 １分間に歩く道のりが５５ｍで、それが７分間分あるので、全部の道のりは、５５ｍの７倍になります。５５の７倍→５５×７のかけ算になります。

チェックポイント （１つ分の数）×**いくつ分**＝（全部の数）になりますが、この式の**いくつ分**が何倍かを表す数です。
２１日目は、**１つ分の数**×（いくつ分）＝（全部の数）から、**１つ分の数**をもとめる問題で、（全部の数）÷（いくつ分）というわり算を使いました。
この２つをまちがえないようにしましょう。

● **23日 46～47ページ**
①11　②19　③56　④56台
1 ①270　②360　③280　④280円
2 （式）17+27=44　44+9=53
　　　　　　　　　（答え）53まい
3 （式）198−114=84　84−40=44
　　　　　　　　　（答え）44ページ
4 （式）47−8=39　39+11=50
　　　　　　　　　（答え）50人
5 （式）10+35=45　58−45=13
　　　　　　　　　（答え）13分

とき方

1 お母さんとお父さんからもらったおこづかいの合計は、90+270=360（円）です。持っていたおこづかいは、640−360=280（円）です。

2 図をかくと、次のようになります。

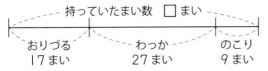

3 使ったまい数とのこりのまい数をあわせたものが、持っていた全部（ぜんぶ）のまい数になります。

3 114ページを読んだのこりは、198−114=84（ページ）です。
（今日読むページ数）+40=84になるので、今日読むページ数は、84−40=44（ページ）になります。

4 図をかくと、次のようになります。

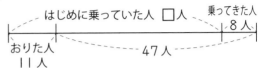

11人がおりた後にのこった人数は、47−8=39（人）です。はじめに乗っていた人は、39人とおりた11人をあわせた人数になります。

チェックポイント 人数がへったりふえたりしてわかりにくいので、図をかいて考えましょう。ふだんから、できるだけ図をかく練習をして、なれておくことが大切です。

5 家を出てから公園を出るまでにかかった時間は、10+35=45（分）です。公園から学校までの時間は、全部の時間から45分をひいたのこりになります。

● **24日 48～49ページ**
①14　②7　③7cm
1 ①9　②12　③6　④6cm
2 （式）34−18=16　16÷2=8
　　　　　　　　　（答え）8まい
3 （式）28+12=40　40÷2=20
　　　　　　　　　（答え）20人
4 （式）12−4=8　8÷2=4　　（答え）4ｍ
5 （式）2Ｌ=20ｄＬ　20−6=14　14÷2=7
　　　　　　　　　（答え）7ｄＬ

とき方

1 小さい円の直径を大きい円の直径とそろえて、大きい円の直径を２つ分つくることを考えます。小さい円の直径にあと３cmたすと、大きい円の直径と同じになります。9+3=12（cm）が大きい円の直径２つ分になるので、12÷2=6（cm）が大きい円の直径になります。

大小２つのりょうの合計とちがいがわかっていて，そのどちらかのりょうをもとめる問題です。このような問題では，大小どちらかのりょうにそろえて考えます。

2 この問題では，小さいほうにそろえて考えます。
34−18＝16（まい）が，そうたさんが持っているカードのまい数の２つ分になるので，
16÷2＝8（まい）になります。

ゆうき ├──────┤- - - - - - - -┤
そうた ├──────┤
　　　　　　　　18まい　　　16まい

3 図をかくと，次のようになります。

女子 ├──────┤- - - - - -┤
男子 ├──────┤
　　　　　　　　12人　　28人

28＋12＝40（人）が女子の人数の２つ分になるので，女子の人数は，40÷2＝20（人）になります。

4 たての長さにそろえて考えます。12−4＝8（m）がたての長さの２つ分になります。

大きいほうのりょうをもとめるときは大きいほうに，小さいほうのりょうをもとめるときは小さいほうにそろえて考えるとよいでしょう。

5 2 L＝20 dL です。小さいコップにそろえて考えます。20−6＝14（dL）が小さいコップのかさ２つ分になるので，14÷2＝7（dL）になります。

● 25日 50～51ページ

① （式）16＋9＝25　25＋39＝64
　　　　　　　　　　　　　（答え）64人
② （式）72÷9＝8　　　　（答え）8 L
③ （式）1 m 25 cm−1 m 5 cm＝20 cm
　　　　　20÷2＝10　（答え）10 cm
④ （式）118×3＝354　（答え）354こ
⑤ （式）2 cm 5 mm＝25 mm　25×6＝150
　　　　　150 mm＝15 cm　（答え）15 cm
⑥ （式）48÷6＝8　8÷2＝4（答え）4 cm
⑦ （式）45−27＝18　18÷2＝9（答え）9才
⑧ （式）60＋30＝90　180−90＝90
　　　　　　　　　　　　　（答え）90 円

とき方

① 教室へもどった人数は，16＋9＝25（人）です。これにのこりの人数をあわせた人数になります。
② 72 L がバケツに入る水のりょうの9倍です。
③ 赤いリボンの長さにそろえて考えます。
　　1 m 25 cm−1 m 5 cm＝20 cm
　　これが赤いリボンの長さ２つ分になります。
④ 118こ入りの箱が3箱あるので，118×3 でもとめることができます。
⑤ 2 cm 5 mm＝25 mm です。1つの長さ25 mm が6つあるので，ようかんの長さは，25 mm の6倍の長さになります。
⑥ ボールの直径6こ分の長さが箱の横の長さと同じになります。ボール1この直径は，48÷6＝8（cm）です。半径は直径の半分なので4 cm です。
⑦ 図をかくと，次のようになります。

父 ├──────┤- - - - - - - - - - - -┤
ひろと ├──────┤
　　　　　　　27才　　　　45才

ひろとさんの年れいにそろえて考えます。45−27＝18（才）がひろとさんの年れいの2つ分になるので，ひろとさんの年れいは，18÷2＝9（才）になります。
⑧ チョコレートとあめをあわせたねだんは，60＋30＝90（円）です。ガムのねだんは，180−90＝90（円）になります。

● 26日 52～53ページ

①13　②31　③15　④15人
① （式）21＋12＝33　33−24＝9
　　　　　　　　　　　　　（答え）9人
② （式）145＋26＝171　171−138＝33
　　　　　　　　　　　　　（答え）33まい
③ （式）238＋195＝433　465−433＝32
　　　　　　　　　　　　　（答え）32まい
④ （式）678＋405＝1083
　　　　　389＋678＋1083＝2150
　　　　　　　　　　　　　（答え）2150人
⑤ （式）246＋64＝310
　　　　　1125−310＋138＝953
　　　　　　　　　　　　　（答え）953人

とき方

1 はじめに乗っていたのは，おとな21人と子ども12人のあわせて33人です。おりた人の数は，はじめに乗っていた人の数から，のこった24人をひいた数になります。

2 まず，もらった後のまい数をもとめます。145+26=171（まい）になるので，171まいから138まいをひいたまい数が，あきらさんにあげたまい数になります。

3 まず，花の切手と動物の切手の合計をもとめます。全部のまい数から，花の切手と動物の切手の合計をひいたのこりが人の切手のまい数になります。

4 まず，日曜日の入場者数をもとめると，678+405=1083（人）です。3日間の合計は，389+678+1083でもとめられます。

5 おりた人の数の合計は，246+64=310（人）になります。乗っている人の数は，はじめに乗っていた人の数からおりた人の数をひいて，それに乗ってきた人の数をたしたものになります。

> **チェックポイント** 246人がおりた後の人の数は，1125−246=879（人）
> これに，乗ってきた138人をたすと，879+138=1017（人）になります。
> つぎに，64人がおりたので，乗っている人の数は，1017−64=953（人）というように，じゅんばんに考えていっても，もとめることができます。

● **27日 54〜55ページ**

①6　②54　③81　④81こ

1 ①6　②168　③125
④750　⑤918　⑥918円

2 （式）54÷6=9　9+4=13　（答え）13人

3 （式）35+13=48　48÷8=6
（答え）6まい

4 （式）35×3=105　105+7=112
（答え）112まい

5 （式）25×6=150　25×3=75
150+75=225　（答え）225円

とき方

1 みかんの代金とりんごの代金は，どちらも（1このねだん）×（こ数）でもとめます。

> **チェックポイント** どちらも買ったこ数が同じなので，みかん1ことりんごを1こをあわせたねだんを6倍してももとめられます。
> 28+125=153（円）　153×6=918（円）

2 （いくつ分）＝（全部の数）÷（1つ分の数）なので，配った人数は，54÷6=9（人）です。これにもらっていない子どもの4人をたします。

3 8人で分けるおり紙のまい数は，35+13=48（まい）です。48まいを8人で分けるので，1人分は，48÷8=6（まい）です。

4 35まいの3倍は，35×3=105（まい）です。はるきさんが持っているカードは，これより7まい多いので105に7をたします。

> **チェックポイント** 図をかくと，つぎのようになります。
>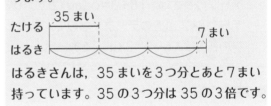
> はるきさんは，35まいを3つ分とあと7まい持っています。35の3つ分は35の3倍です。

5 チョコレートのねだんはあめの3倍なので，25×3=75（円）になります。

● **28日 56〜57ページ**

①28　②7　③6　④9　⑤2　⑥2円

1 ①28　②4　③7　④7日

2 （式）8×7=56　8×4=32　56−32=24
（答え）24こ

3 （式）72÷8=9　48÷8=6　9−6=3
（答え）3こ

4 （式）63÷7=9　16−9=7　（答え）7こ

5 （式）18÷3=6　6÷2=3　6−3=3
（答え）3m

とき方

1 のこりのあめを4こずつ分けるといくつ分になるかという問題です。

2 まず，○のこ数と●のこ数をもとめます。○は
１列に８こならんでいます。それが７列あるの
で，8×7＝56（こ）になります。●は８こが
４列あるので，8×4＝32（こ）になります。

3 あめ72円分と48円分がそれぞれ何こ分かを，
わり算でもとめます。

4 みかんを入れたかごの数は，63÷7＝9（こ）
になります。からのかごの数は16から9をひ
きます。

5 （青のテープ）×3＝（緑のテープ）なので，青の
テープの長さは，18÷3＝6（m）です。（赤の
テープ）×2＝（青のテープ）なので，赤のテー
プの長さは，6÷2＝3（m）です。

● **29日 58～59ページ**

①9　②21　③36　④15　⑤15人

1 ①253　②28　③70　④252　⑤252台

2 （式）15×6＝90　250×3＝750
　　　15×8＝120　90＋750＋120＝960
　　　　　　　　　　　　　　　（答え）960円

3 （式）34＋14＝48　48÷4＝12
　　　　　　　　　　　　　　　（答え）12人

4 （式）105×3＝315　115×5＝575
　　　315＋575＝890　1000－890＝110
　　　　　　　　　　　　　　　（答え）110円

5 （式）680－356＝324　324－240＝84
　　　84÷4＝21　　　　（答え）21円

とき方

1 出ていった車全部の数と，入ってきた車全部の
数を先にもとめておくと計算がかんたんです。
435台から出ていった数をひき，入ってきた
数をたします。

2 チョコレートの代金はあめの6倍なので，
15×6＝90（円）になります。チョコレート，
ケーキ，あめの代金をそれぞれもとめて，その
３つをあわせると，全部の代金になります。

3 全員に分けようとすると14こたりないので，
全員に分けるには，34＋14＝48（こ）いりま
す。48こを4こずつ分けるので，人数は，
48÷4＝12（人）になります。

4 ボールペンの代金は，105×3＝315（円），ノ
ートの代金は，115×5＝575（円）で，あわ
せて，315＋575＝890（円）になります。お
つりは1000円から890円をひきます。

5 本とおかしの代金をあわせた代金は，680円
からのこりの356円をひきます。
680－356＝324（円）が240円とおかし4
こ分の代金です。これから，おかし4こ分の代
金は，324－240＝84（円）とわかります。

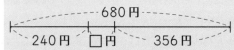

680円から240円と356円をひいたものが
おかし4こ分のねだんになることがわかります。
わかりにくいときは，できるだけ図をかくよう
にしましょう。

● **30日 60～61ページ**

① （式）45＋15＝60　60－32＝28
　　　　　　　　　　　　　　　（答え）28こ

② （式）4×85＝340　6×64＝384
　　　340＋384＝724　　　（答え）724人

③ （式）125×9＝1125　1213－1125＝88
　　　88÷4＝22　　　　　（答え）22円

④ （式）8×12＝96　96＋28＝124
　　　　　　　　　　　　　　　（答え）124こ

⑤ （式）96÷3=32　69÷3=23
　　32+23=55　　　　　（答え）55まい

⑥ （式）99÷9=11　69÷3=23
　　23−11=12　　　　　（答え）12円

⑦ （式）3×32=96　120−96=24
　　　　　　　　　　　（答え）24こ

⑧ （式）1m15cm=115cm　115×3=345
　　345cm−75cm=2m70cm
　　　　　　　　　　（答え）2m70cm

とき方

① 15こもらって，妹に何こかあげたと考えます。
45+15=60（こ）が32こになったので，妹にあげた数は，60−32=28（こ）です。

② 4人ずつのいすにすわる人数と，6人ずつのいすにすわる人数をあわせた人数になります。

③ りんごの代金は 125×9=1125（円）です。
みかん4この代金は
1213−1125=88（円）になるので，みかん
1このねだんは 88÷4=22（円）です。

④ 配ったみかんの数は 8×12=96（こ）です。
28このこっているので，みかん全部の数は，
96+28=124（こ）です。

⑤ りかさんが買ったまい数は，96÷3=32（まい），ゆみさんが買ったまい数は，69÷3=23（まい）です。

チェックポイント　2人あわせて，
96+69=165（円）分の色紙を買ったので，
165÷3=55（まい）としてももとめられます。

⑥ おり紙1まいのねだんは，99÷9=11（円），
シール1まいのねだんは，69÷3=23（円）になるので，そのちがいは，23−11=12（円）です。

⑦ 32まいの皿に3こずつのせていくので，皿にのせたみかんは，3×32=96（こ）です。のこったみかんは，120−96=24（こ）になります。

⑧ 1m15cm=115cm です。115cm の3倍は，115×3=345（cm）になります。白のリボンの長さは，これより75cm短いので，
345−75=270（cm）になります。270cm
=2m70cm です。

● 進級テスト 62〜64ページ

① （式）1563−1248=315　（答え）315人
② 午後3時50分
③ （式）30÷5=6　　　　　（答え）6つ
④ （式）75×5=375　640+375=1015
　　1015+85=1100　（答え）1100円
⑤ （式）670m+1km600m=2km270m
　　　　　　　　　　（答え）2km270m
⑥ （式）12×2×2=48　（答え）48cm
⑦ （式）48÷4=12　　　（答え）12こ
⑧ （式）1500+960=2460
　　2460−800=1660　（答え）1660円
⑨ （式）1kg80g−760g=320g
　　　　　　　　　　（答え）320まい
⑩ （式）36÷3=12　12÷2=6　（答え）6cm
⑪ （式）850×5=4250　95×5=475
　　4250+475=4725
　　4725−4700=25　　（答え）25円
⑫ 5時間35分

とき方

① 筆算で計算します。くり下がりに注意しましょう。

② 4時から4時25分までは25分なので，4時の 35−25=10（分）前になります。

③ （いくつ分）=（全部の人数）÷（1つ分の人数）になります。全部の人数は30人，グループ1つ分の人数は5人だから，30÷5=6（つ）になります。

④ えん筆の代金は，75×5=375（円）
全部の代金は，本とあわせて，
640+375=1015（円）
これと，のこりのお金85円をあわせたお金になります。

⑤ 1km=1000m なので，1km600m
=1600m です。全部の道のりは，
670+1600=2270（m）になります。
2270m=2km270m

⑥ 直径は半径の2倍なので，小さい円の直径は
12×2=24（cm）です。また，これは大きい円の半径にもなっています。したがって，大きい円の直径は，24×2=48（cm）

大きい円の直径は小さい円の半径の4つ分になっているので，12×4＝48（cm）という計算でももとめられます。

❼ (1人分のこ数)＝(全部のこ数)÷(何人分) になるので，48÷4＝12（こ）になります。

❽ 800円をもらった後の全部のおこづかいは，ちょ金したお金とのこりのおこづかいをあわせたものになるので，1500+960＝2460（円）です。これから800円をひいたものがはじめに持っていたおこづかいです。

❾ 1kg＝1000gなので，1kg80g＝1080gです。ちょ金箱が760gなので，1円玉だけの重さは，1080−760＝320(g)になります。1まいが1gだから，320gは320まいになります。

❿ 球の直径3つ分の長さが36cmになるので，球の直径は，36÷3＝12（cm）になります。半径は直径の半分なので，12÷2＝6（cm）

⓫ おべんとう5つの代金は，
850×5＝4250（円）
お茶5つの代金は，95×5＝475（円）
代金はあわせて 4250+475＝4725（円）
になりますが，はらったのは4700円なので，おまけしてくれたのは，4725−4700＝25（円）

チェックポイント どちらも5こずつ買ったので，代金は，おべんとうとお茶のねだんをあわせたものに5をかけてももとめられます。
850+95＝945（円） 945×5＝4725（円）

⓬ 9時40分から10時まで，10時から12時まで，12時から3時15分までに分けて考えるとわかりやすいでしょう。9時40分から10時までは20分，10時から12時までは2時間，12時から3時15分までは3時間15分です。20分＋2時間＋3時間15分＝5時間35分